Fukuoka
Shin-ichi

福冈伸一
科学散文集

遗传基因
爱着
不完美的你

［日］福冈伸一 / 著

史诗 / 译

贵州出版集团
贵州人民出版社

IDENSHI WA DAME NA ANATA WO AISHITERU by Shinichi Fukuoka
Copyright © 2012 Shinichi Fukuoka
Original Japanese edition published by Asahi Shimbun Publications Inc.
This Simplified Chinese language edition copyright © 2024 by Light Reading Culture Media (Beijing)
Co., Ltd., is published by arrangement with Asahi Shimbun Publications Inc., Tokyo in care of Tuttle-
Mori Agency, Inc., Tokyo.
All rights reserved.

著作权合同登记号 图字：22-2024-011 号

图书在版编目（CIP）数据

遗传基因爱着不完美的你：福冈伸一科学散文集 /
（日）福冈伸一著；史诗译 . -- 贵阳：贵州人民出版社，
2024.5

（N 文库）
ISBN 978-7-221-18361-3

Ⅰ . ①遗… Ⅱ . ①福… ②史… Ⅲ . ①遗传学 - 普及
读物 Ⅳ . ① Q3-49

中国国家版本馆 CIP 数据核字 (2024) 第 100819 号

YICHUAN JIYIN AIZHE BUWANMEIDE NI（FUGANGSHENYI KEXUE SANWEN
JI）
遗传基因爱着不完美的你（福冈伸一科学散文集）
[日] 福冈伸一 / 著
史诗 / 译

选题策划　轻读文库　　　出 版 人　朱文迅
责任编辑　张芊　　　　　　特约编辑　靳佳奇

出　版　贵州出版集团　贵州人民出版社
地　址　贵州省贵阳市观山湖区会展东路 SOHO 办公区 A 座
发　行　轻读文化传媒（北京）有限公司
印　刷　北京雅图新世纪印刷科技有限公司
版　次　2024 年 5 月第 1 版
印　次　2024 年 5 月第 1 次印刷
开　本　730 毫米 × 940 毫米　1/32
印　张　5.5
字　数　101 千字
书　号　ISBN 978-7-221-18361-3
定　价　30.00 元

关注轻读

客服咨询

针对此书的说明

由生活中的意外情况带来的小疑问，职场或家庭中遭遇的各种烦恼，如果把这些身边的疑问和烦恼抛给生物学家福冈伸一先生的话……周刊《AERA》上的专栏《杜立德医生的担忧》正是以这种方式展开的，本书则是该专栏连载内容的大集合。杜立德医生是福冈先生从儿时起就崇拜的"老一辈生物学家"。看似十分常见的烦恼，其中或许蕴含着令人意想不到的深邃真理。让我们从生命和生物的话题入手，一起探索"人类"这一生命体的不可思议之处吧。

目录

Chapter
01
熊猫的
战略

心爱的他第一次来我家，却看到
蟑螂满地爬。我难道就不能祈祷蟑螂
这种东西赶紧灭绝吗？

大家好，我叫福冈伸一，是研究生物学的。"生物学"这个词说起来简单，其实包含很多内容。我的专业是研究基因和分子的分子生物学，不过我真正憧憬的是成为像杜立德医生那样的生物学家。诸位知道杜立德医生的故事吗？他是活跃在20世纪前半叶的英国儿童文学作家休·洛夫廷笔下故事的主人公，他既能和动物交谈，又乐于倾听自然的声音。可是在世人看来，他多少有些脱离常轨。他像照顾家人一样对待小猪，但他最喜欢的食物是排骨和香肠。也就是说，在"生存"这件事上，杜立德医生光明磊落，没有丝毫伪善。我希望自己也能做一个光明磊落的生物学家，站在和杜立德医生相同的角度思考世界。

我们应该向杜立德医生学习他的自我怀疑精神。自我怀疑是保持睿智的最基本条件（因此，坚信自身绝对正确的官僚毫无睿智可言）。那么，关于您的问题，请恕我直言："希望蟑螂灭绝的想法是错误的。"它们造成了什么直接灾害吗？它们既不叮咬人，也不会侵袭我们的餐桌。看到误入家中的金龟子，我们都会任其逃走，可是一发现蟑螂，我们就会不容分说一灭了之，这也太不讲道理了。我们没有理由只把蟑螂当成害虫，没有任何科学的证据能证明蟑螂会带来严重污染或传播特殊病毒。

生物多样性已经成了人们关注的重点，但涉及生命的问题，我们必须首先考虑时间轴。三亿年前，蟑螂就出现在了地球上，而再怎么追溯人类的祖先也只能追溯到几百万年前，我们人类的历史长度只是蟑螂的百分之一。

蟑螂是地球的先民。它们栖息在森林中，以朽木、菌类，以及其他生物的遗骸和粪便等为食，与特殊的肠道菌群共生。世界上有几千种蟑螂，其中大部分至今仍然生活在热带雨林中，孜孜不倦地为地球的生态系统贡献着自己的力量。它们是净化环境的分解者，也是其他生物的食物，一旦消失，地球的动态平衡就会瓦解，包括人类在内的所有生物都将面临生存危机。

蟑螂的冥顽让我们厌恶，可是说到底，这只是我们单方面的情绪。我们不过是彻头彻尾的后来者，最好还是虚心地好好观察一下蟑螂吧：流线型的姿态，漆黑锃亮的翅膀，敏捷的行动，三亿年来始终如此。这真是一种不可否认的美。它们能够感知地球的磁场，因此密林和不见天日的厨房都不妨碍它们行动自如。它们熬过了冰河期，目睹了恐龙盛极而衰。或许在它们看来，人类也逃不过相同的命运。我们现在需要的，是内心的谦虚以及对时间流逝的尊重。

我对肉制品和皮毛制品毫无抵抗力，难道就没有资格谈论爱护动物了吗?

杜立德医生原本在英国乡下当医生，但是比起复杂的人类，他更喜爱自然和动物，而且他不知不觉就学会了动物们的语言。

小时候，我是个"生物少年"(或者可以说"昆虫少年")，可是比起法布尔，我那时更崇拜杜立德医生。时至今日，我已经能够理解法布尔细致的观察力和他的桀骜不驯，可当时的我觉得杜立德医生的奇异冒险要有趣得多，并且沉迷其中，无法自拔。岩波书店出版的"杜立德医生"系列是由井伏鳟二(与石井桃子)翻译的，其妙趣横生的语言也是该系列的魅力之一。

如今再读，杜立德医生的话语仍然饶有深意。

"人生就这么短，还要拖着什么行李，实在无聊。听好了，斯塔宾斯，我们真的不需要什么行李。"(《杜立德医生航海记》)

少年汤米·斯塔宾斯是杜立德医生的学生，《杜立德医生航海记》就像他的回忆录。当他看到杜立德医生出门时只带着一个黑色小皮包，皮包里面装上最低限度的观察记录用具便出发时，斯塔宾斯十分惊讶，于是杜立德医生说出了上文引用的那段话。

杜立德医生一直单身，家务杂事都由和他同住的鸭子、猪、狗等动物帮忙完成。他总是一副恬静淡泊的样子，金钱对他来说是身外之物。

斯塔宾斯还记录了杜立德医生的话：

"这个地球上最让人头疼的问题就是时间。人类这种生物，总是太焦虑、太着急。医生说过，如果人类可以想活多久就活多久，大概就会放弃这种荒唐的急躁。"《杜立德医生与神秘湖》）

杜立德医生时而批判文明，时而留下箴言。每次读到关于轻装前行（用现在的话来说就是"断舍离"）或效率主义的警句，我便感到人类一点儿都没变，也无法改变。顺便一提，杜立德医生的故事设定在19世纪上半叶的英国，作者开始创作则是在20世纪上半叶。

杜立德医生待人平等，从未把斯塔宾斯当成孩子。他不叫他汤米或者"小家伙"，而是一直用姓来称呼他。斯塔宾斯对此格外开心。

尽管杜立德医生掌握了动物的语言，但他却从未利用这点来获取任何利益。他只是侧耳倾听动物们的一字一句，捕捉世界原本的模样。

杜立德医生管自己叫"博物学家"，原文是"naturalist"，也就是"热爱自然的人"。

为了探索生命的真相，我杀掉了那么多用来实验的小白鼠和兔子，捣碎了那么多细胞。即使在这样的我的心中，杜立德医生依旧是生物学家的理想形象。

比起竹子，
大熊猫难道不是更喜欢吃肉或鱼吗？

近年来，中国的科学技术发展迅猛，论文数量激增，《自然》和《科学》等顶级专业期刊经常刊登由中国科研团队撰写的论文。在举国振兴科技的大潮中，支撑科学发展的研究者们也在快速成长。他们中的一些人是从海外学成后归国的，被称为"海归"。

我在哈佛大学留学时，周围就有不少优秀的中国学者。我所在的实验室里有一位女博士后，她曾以优异的成绩毕业于北京大学，她对工作的热忱与专注令人吃惊。她一边养育两个孩子，一边推进分子生物学方面的实验，最常说的一句话就是"我没有时间"。如今，她在一家大型研究机构担任项目负责人。

在这样的势头中，中国的学者近期在《自然》杂志上发表了一篇有关熊猫基因组测序的文章。上海的基因研究所等机构共同揭开了熊猫这一中国"特产"的秘密。视频资料中，宽敞明亮的研究所里摆满了DNA解析装置与电脑，研究人员正安静专注地工作。据说这里基因解析的对象不只有熊猫，还包括很多其他生物。在很短的时间内，中国就已经掌握了这项世界一流的科学技术。

熊猫的基因解析揭示出了一个非常有趣的事实：由于相关受体基因失去活性，熊猫的舌头无法感受到谷氨酸的鲜味。谷氨酸是构成蛋白质的主要氨基酸。包括人类在内的一般动物都能感受到谷氨酸的"鲜味"，因此才会摄入含蛋白质的食物，并且从中摄取生命活动所需的蛋白质。也就是说，能够感受"鲜味"的受体基因让动物成为动物，这种"鲜味"感受器堪称进化史上的一大"发明"。

但因为缺少感受"鲜味"的受体基因，熊猫无法品尝到肉的美味。正因如此，熊猫们才会日复一日地啃着竹子。但是，故事并非到此为止。尽管以竹子为主食，熊猫却不是牛羊那种完美的食草动物。

食草动物长长的消化道和多个胃袋中都生活着能够分解植物纤维的细菌，这样一来，它们可以一边反刍一边消化。植物纤维的主要成分是纤维素，在肠内细菌生成的纤维素酶的作用下分解，变为营养成分。但是熊猫体内能分解纤维素的细菌活性较弱，为了满足一天的营养需求，熊猫必须吃下大量的竹子，重量大约为四十公斤。未消化的竹叶和纤维会直接转化为粪便排泄出来，因此熊猫的粪便就是不折不扣的草团子，没有臭味。既不是肉食动物，也不是草食动物，而是居于两者之间，熊猫就是这样一种特别的动物。

我感觉吃甲鱼能让皮肤变得滑溜溜的，胶原蛋白真的能用来美容吗？

"胶原蛋白是一种用来保持细胞之间张力的缓冲成分"，但这个事实和"食用富含胶原蛋白的甲鱼可以补充人体内的胶原蛋白"这个观点是有很大的差异的。

胶原蛋白是一种蛋白质。蛋白质是维持人类生存必不可少的成分，而且人类可以自己制造出自身所需的全部蛋白质。更确切地说，人类只能自己制造自己需要的蛋白质。自己的东西自己做，不停地去做，这就是生活。

蛋白质是由氨基酸这一基本单位构成的。氨基酸相连是制造蛋白质的唯一方式。构成每种蛋白质的氨基酸种类及其连接顺序都有严格规定，而设置这一规定的正是基因。胶原蛋白的基因就是胶原蛋白的设计图，蛋白质也体现了制造这一蛋白质的生物固有的基因信息。

胶原蛋白基因规定的人类胶原蛋白氨基酸序列是：甘氨酸—脯氨酸—脯氨酸—甘氨酸—脯氨酸—脯氨酸……这是一个能重复数百次的序列。它的结构十分奇特。因此，制造胶原蛋白只需要甘氨酸和脯氨酸这两种氨基酸（或者更准确地说，在某些地方还需要其他氨基酸）。

甘氨酸和脯氨酸都是极其常见的氨基酸，无论植物类食品还是动物类食品中都含有二者，这样我们的身体才能从零开始制造我们需要的全部胶原蛋白。

那么，被吃下去的甲鱼的胶原蛋白又会怎样呢？当然会被消化和分解。只有少数源于食品的蛋白质能够不被消化就进入体内，但是甲鱼等外来胶原蛋白与人类的胶原蛋白的氨基酸排列不同，因此会被当作异物。

所谓消化，是指将外来蛋白质中原有主人的基因信息分解成氨基酸的过程，类似于将文章拆解为字词再重新组合成自己的文章，生命也是如此。

那么，源于甲鱼的胶原蛋白的氨基酸能在人体合成胶原蛋白时发挥作用吗？这在理论上是可以的。然而，这种概率极低。打个比方来说，就相当于你原本投进寺院功德箱的硬币百转千回到了出租车司机手上，又被当成零钱找给了你，重新进了你的钱包。我们每天都会摄取大量氨基酸，让它们混合后跑遍全身，在多达六十万亿的细胞中变成各种各样的蛋白质。

顺便一提，头发的主要成分是一种名为角蛋白的蛋白质。我们不能否定"吃胶原蛋白就能美肌"这一观念带来的心理效果，可是站在生物学的角度，这与"吃头发就能增加发量"的观点没什么不同。

在奈良的秋津遗迹发现了
绳文时代的锹形虫。简直
就像科幻小说。

作为"昆虫少年"的我，看到您说的这条新闻时也吓了一跳，以至于奈良县橿原市的橿原考古研究所附属博物馆开始展出实物时，我恨不得马上就跑过去一探究竟。

在各类昆虫中，我尤其喜欢蝴蝶，年少时经常去抓蝴蝶幼虫。这么说也许有些残忍，但为了制作没有伤痕和残缺的蝴蝶标本，从幼虫时期开始饲养是最好的方法。

蝴蝶幼虫要吃特定的植物。艾瑞·卡尔的著名绘本《好饿的毛毛虫》中出现的蝴蝶幼虫接二连三地吃下了水果、冰激凌和糖果，结果肚子痛得不得了，该情节在我这个"昆虫少年"看来多少有些荒唐。真正的蝴蝶幼虫在饮食上可是需要严格控制的。

例如，我喜爱的青凤蝶，是一种黑色翅膀上排列着蓝色半透明斑点的美丽蝴蝶，它的幼虫就只吃樟树叶。又如，黄凤蝶幼虫只吃荷兰芹和胡萝卜，黑凤蝶只吃柑橘或山椒叶，麝凤蝶只吃马兜铃，它们各自食用的植物都有严格的限制。无论肚子多饿，它们都不会看其他植物一眼。从营养价值上看，食用不同植物的差异应该不大，但是它们仍然严守自己的规则，这是为了在资源有限的地球上避免纷争，与其他生物共享生活。

在生物学中这样的"生态位"被称为"niche"。这个词如今经常用来指代一种细分的市场，即niche market，但是它的本义是指在生态中的位置，词源与nest（巢）相同，意为生物的生存场所。所有生物都在自己的"生态位"中生活，只有人类贪得无厌，不断践踏其他生物的栖息之地。

不过，我是很久以后才意识到这一点的，当时的我只知道在有樟树的地方就能抓到青凤蝶的幼虫。并且在不知不觉中，我还发现寻找幼虫时不能抬头看树叶，而是要低头看地面。凡是有新鲜的圆形粪便掉落的地方，头顶上必然有食欲旺盛的幼虫。

然而到了第二天，地面上的粪便就会消失不见。偶尔能看到死去的蝉掉落在地上，但也会很快消失。因为地表上也有无数生命在不断地活动着，蚂蚁自不用说，还有埋葬虫和步行虫等"清洁工"；地下则存在着无数肉眼看不见的微生物，它们用伟大的力量快速分解其他生物的排泄物和尸骸，将这些排泄物和尸骸送回自然的循环中。

因此，两千多年前的锹形虫竟然完好无损地出土面世，着实是个奇迹。这只锹形虫大概在死后就立刻被泥土包裹，与"清洁工"和微生物彻底隔绝。泥土最终化为坚硬的黏土，隔绝氧气，从而避免了遗骸被氧化，锹形虫体内的蛋白质和DNA因此得到了完整的保留。

如果这只锹形虫没有被挖掘出来，那么它体内的成分就将慢慢被矿物质取代，最终变成完美的化石，震惊后人。在时间的长河中，像化石形成一般的浪漫总是无处不在。

就没有能一次性解决
能源问题和全球变暖问题的
方法吗？

在当代人眼中，二氧化碳（CO_2）是全球变暖的罪魁祸首。但是对地球来说，二氧化碳既不是垃圾，也不是毒物，而是支撑环境动态平衡的重要物质。更确切地说，二氧化碳是生态循环的形态之一，对地球来说是不可或缺的。

我们通过燃烧灯油或汽油获得能量，生命体也通过在体内慢慢消耗食物获得能量，两者的原理完全相同。能量化为热量维持体温，同时用于运动或细胞内的化学反应。

灯油、汽油、食物，从微观的角度看是没有区别的，都是由大量碳原子（C）像念珠一样串联起来形成的物质。碳原子与碳原子之间的连接其实并不容易，因为它们原本是一种偏好独立的元素。虽然宇宙空间中也有碳原子，但它们几乎都是单独存在的。

人工连接两个碳原子需要消耗巨大的功夫和能量，这被称为"交叉偶联反应"，在开发这一方法上做出重大贡献的铃木章、根岸英一和理查德·赫克[1]于

1　他们三位在有机合成领域中钯催化交叉偶联反应方面取得了卓越的成果，这一成果可广泛应用于制药、电子工业和先进材料等领域，帮助人类制造出复杂的有机分子。

　　　　　　　　　　　　　　　　　田 N

2010年共同荣获诺贝尔奖。所谓连接碳原子时需要能量，是指能量会储存在碳原子连接后形成的物质中。因此，由大量碳原子连接形成的灯油、汽油或食物会成为能量的源头。

此时想要取出能量，只需切断碳原子之间的连接即可。连接一旦切断，能量即被释放，每个碳原子都会与两个氧原子相连，形成二氧化碳。我们燃烧石油会排放二氧化碳，吃掉食物后也会呼出二氧化碳。

自工业革命以来，由于人类过度燃烧石油和煤炭，大气中的二氧化碳浓度不断上升。而在此之前，二氧化碳的浓度几乎是恒定的，因为大自然中一直有生物在帮我们进行交叉偶联反应，也就是植物的光合作用。恕我冒昧，植物连接碳原子的效率比"铃木反应"和"根岸反应"的效率更高，方式也巧妙得多。

这是生命体所能达成的最绝妙的化学反应。即使是道旁的杂草，它们的叶片内部也在进行着这一无与伦比的作业。而石油、煤炭和食物，无一不是光合作用的产物。

植物光合作用的绝妙之处在于植物能先将氧元素从二氧化碳中剥离，再将若干碳原子连接在一起。哪怕是获得诺贝尔奖的研究成果，也无法以二氧化碳为原料实现交叉偶联反应。除此之外，还有能源方面的问题。交叉偶联反应中需要热量和压力，可是一旦使用燃料，一切就都白费力了。而植物的光合作用只需二氧化碳、水和太阳能就可以完成。

如果人们能不借助植物的力量完成光合作用，那么一切能源问题都将得到解决，全球变暖的问题也将不复存在。

这一课题当然值得挑战，可是自然界历经数亿年形成的光合作用原理十分复杂。生物学教材往往要用几十页的篇幅来介绍光合作用，即便如此，(大部分)理科的学生仍然无法完全理解。感兴趣的读者请务必尝试学习一下，毕竟科学史上曾有数次重大突破都源于认真的外行人提出的见解。

蘑菇是节食减肥的好伙伴。
它是"蔬菜"吗？

一到秋天，森林的地面上就会长出蘑菇。诸位知道生物学是怎样看待这种生物的吗？

一个雨过天明的清晨，我在京都的北山上发现了漂亮的竹荪。它们的菌盖就像一顶轻巧的小帽子，网格状的白色长裙从菌盖边缘轻盈地散开，宛如西点师模仿鲜花制作的精致点心，又像手工匠人精心编织的蕾丝花朵。而且竹荪也像花朵一样散发着香气，只不过这种气味对于人类来说又臭又烦人。但是对虫子们来说，那是一种充满魅惑的香气。转眼间，蚂蚁和其他小型昆虫便从四面八方赶来，忙上忙下。没错，蘑菇正是为了吸引虫子来扩散孢子，才在地面上伸出菌柄，张开菌盖的。从这层意义上看，蘑菇这样做与植物开花的目的相同。正如清晨盛开的花朵会在傍晚凋谢，竹荪也会以惊人的速度展开长裙，数小时后又收缩起来。因此，能遇到刚出现在地面上的漂亮竹荪实属幸运。

不过确切地说，蘑菇不是植物，因为它们无法进行光合作用。植物最重要的特征之一就是它们进行光合作用的能力。利用太阳能，将二氧化碳变为营养和细胞的成分，这是一种既复杂又绝妙的生命现象。由一个碳原子和两个氧原子组成的二氧化碳属于燃烧后的遗留物，如果不进行处理便一无是处。一旦蓄积在大气中，二氧化碳还会导致全球变暖。但是，植物有能力将氧元素从二氧化碳中剥离，连接碳元素，并将其再次转化为糖、淀粉和纤维。这些成果为包括人类在内的其他生物提供了食物，经过漫长的时间积累，它们还能变成石油、煤炭和天然气，维持着地球的环境稳定。

当然，光合作用需要巨大的能量，而植物会直接利用太阳的能量。它们拥有完美的太阳能转换系统，因此不用到处游荡。

蘑菇虽然像花，却无法进行光合作用。因为它们其实是霉菌和酵母的同伴，属于菌类，它们的真正面目是在地下张牙舞爪的菌丝。菌丝由细长的细胞相连而成，附着在树木根部吸收养分。它们会分泌出能分解有机物的酶，吸收分解后的物质，使其变成自己的营养。秋天，温度急剧降低，菌丝便会改变细胞的形状，长成蘑菇。蘑菇放出的孢子能够抵抗干燥和低温，种群由此得以生存。

菌类乍看上去像是默默无闻的隐者，却以强大的力量维持着地球环境。这是因为菌类拥有出色的分解能力。森林之所以不会被落叶埋没，鸟虫和其他动物的排泄物与尸体之所以会在不知不觉间消失，都要归功于菌类。菌类的分解物也会成为植物的养料，因此它们并非单方面地寄生在树木根部。一个是植物这一伟大合成者，另一个是菌类这一幕后支持者，我们人类的生活正是由这两个物种的生命圈组成的。

弱肉强食，物竞天择。
一想到这是生物的宿命，
心中便感一片空虚。

诸位听说过绿草履虫吗？所谓草履虫，虫如其名，是一种外形像草鞋的单细胞微生物，体长大约0.1毫米。平时，草履虫"哗啦哗啦"地摆动着短短的体毛（纤毛）在水里游动，一发现比自己更小的微生物，身体便蜷成一团，将其收入细胞内消化。它们是一种动物类的微生物。

在显微镜下，普通的草履虫是透明的。但是偶尔也会发现细胞内充满绿色颗粒的草履虫，这就是绿草履虫，而那些绿色颗粒是活着的小球藻。小球藻也是栖息在淡水中的单细胞微生物，比草履虫还要小得多，呈圆形，细胞内含叶绿素，具备光合作用的能力。也就是说，小球藻属于植物类的微生物（绿藻类）。由于无法自主运动，小球藻会依靠水流四处浮游。

如果草履虫在游动时遇到了小球藻，一般情况下会立刻吃掉对方。但是有一种草履虫在完整吞食小球藻后并不进行消化，而是让对方继续活在细胞内。这就是绿草履虫。小球藻会在草履虫体内进行光合作用，把合成的糖分和氧气全部供应给草履虫。不过，两者之间并非主人与奴隶的关系。草履虫会提供小球藻生长所需的养分和二氧化碳，并特意游到光照较好的地方，帮助小球藻进行光合作用。小球藻在草履虫的体内也能得到保护，可以不断繁殖。当绿草履虫进行细胞分裂时，每个分裂出来的细胞也会分到数百粒小球藻。

仔细观察，便会发现其中有着精妙的平衡。山口大学的研究成果显示，遭到草履虫吞食后，有一定比例的小球藻会被消化，但是还有一些小球藻通过某种方法摆脱了消化酶。这部分小球藻用特别的膜将自己包裹起来，由此脱离了消化通道，连同膜一起附着在草履虫的细胞内壁上，避免了被冲走的命运。在建立"桥头堡"后，小球藻就获得了名为草履虫的交通工具，聪明的或许是小球藻一方。

暂且不论哪一方更有手段，草履虫和小球藻的共生关系毫无疑问是双赢的。自然界看上去到处都是"吃与被吃"的竞争关系，却也可能出现和谐共处的状态。这难道不是很美妙的现象吗？

还有一点十分厉害，即上述共生关系可以随时解除。双方不存在任何恩怨情仇，小球藻离开草履虫也能独自成活，草履虫没有小球藻也能正常生存。

绿草履虫的研究或许可以为人类理解生物进化带来巨大的启示。我们这些高等生物的细胞内部存在复杂的细胞器，例如进行能量生产的线粒体和进行光合作用的叶绿体（在植物体内）。

有种假说认为，这些细胞器的前身其实就是很久以前被大细胞捕食的小细胞，它们奇迹般与大细胞建立了共生关系，演变成现在的模样。只不过由于共生时间过长，线粒体和叶绿体已经无法脱离宿主细胞独立生存。在这一点上，绿草履虫或许正在实时展示着进化的那一瞬间。

我家孩子不喜欢吃青椒。
人长大了会不再挑食吗?

石黑一雄是我喜爱的作家之一。1954年,他生于长崎,五岁时因父亲工作的关系搬到英国。他在那里长大,后来成为使用英语创作小说的世界级作家。他的作品可读性很强,简洁的短句层层相扣,直抵细腻的记忆深处,一点点探出人生的意义。我最欣赏的作品是《别让我走》。在一处名为黑尔舍姆的特殊设施里,孩子们过着幸福的生活,对等待着他们的残酷未来毫不知情。后来,他们如剥掉一层层薄薄的皮一样渐渐发现了真相,并一步步尝试去接受。

这部作品被搬上银幕,于2011年3月在日本公映。电影也拍得十分出色,大概有不少人都看过吧。透彻安静的悲伤就像轻薄的蓝色滤镜一样笼罩在整部影片之上。公映前一个月,石黑先生访问日本,兼作电影的宣传推广。我当时有幸得到了与石黑先生简单交谈的机会。他自始至终都是一口端庄优雅的英语,尽管我听说他也会一些日语。

在我看来,石黑先生的小说主题之一正是"成为大人"。成为大人,意味着察觉到自己的局限性。儿时曾经无限延展的可能性越收越窄,梦想接连消失,原本清晰可见的世界也模糊起来。视力减退,体力衰弱,就连想象力都越发匮乏。但是,即便深陷时间的洪流，有一样东西也绝对不会被人夺走。石黑先生告诉我一首格什温的曲子"They Can't Take That From Me"，意为他们绝对无法从我这里夺走那件东西。所谓"他们"，应该指的是时间吧。

那么无法被夺走的"that"又是什么呢？简而言之，就是我自己的记忆。成为大人后，一切都磨损褪色，唯独属于我的鲜明记忆会切切实实地留在我体内。记忆未必是美丽的，也可能是苦涩或悲伤的，但是它们始终与我共存。我与它们和解，或与它们妥协。与记忆之间的关系或许就是成为大人的证明。

不过，成为大人并不只有悲伤。能让人开心的事情之一，便是我儿时特别讨厌的食物不知不觉间已经能接受了，甚至喜欢起来。我小时候不喜欢吃青椒，觉得青椒嚼起来像塑料，还有一股苦味儿。可是现在，把青椒烤一烤再蘸上酱油，对我来说就是至上的美味，用来下酒也很合适。

味觉或许也是一种记忆。记忆不断重叠、改变，就算是苦涩的东西，也会在不经意间与我和解……我本来是这么想的，后来却意外得知了事实。青椒的苦味是一种名为多酚的植物性化学物质造成的，其含量可以通过品种改良来降低。如今超市里销售的青椒品种主要是京波和千种，肉薄易食用，苦味成分的含量也大幅减少。

什么啊，原来是这么回事。看来也不能过度美化记忆的改变呢。

花粉症好难受，老师您是
怎么应对的？

诸位听说过野口勇吗？他的父亲是日本人，母亲是美国人。为了在两个国家之间寻求身份认同，他怀着苦恼创作了许多出色的作品，其中2010年11月上映的电影《莉欧妮》，其主人公就是他的母亲。

在野口勇的雕塑代表作中，有一件作品的主题是Void。"Void"意为虚无，指空间或中空的洞。正如其名，作品用沉重的大石块相连组成的圆环展示出一个单调的圆形空间。

那么，野口勇的作品与花粉症之间究竟有什么关系呢？

"花粉症"一词虽然带有"症"字，但其实这只是我们自身原本就有的一种能力。这种能力可以将我们自己和他者区分开来，并试图以自我防卫为目的排除他者。行使这种能力的就是免疫系统。我们普遍相信界定自我的应该是大脑，但实际上能够明确区分自我与他者的并不是大脑，而是免疫系统。

因此，如果有人把大脑移植给了我，我的身体并不会被那个大脑支配。相反，我的免疫系统会将移植过来的大脑视作需要排除的他者，进而发起猛烈进攻。而且免疫系统并不是像脏器那样的独立部件，而是遍布全身的免疫细胞网络。也就是说，"我"并不局限在大脑中，而是遍布全身。

花粉症是免疫系统的一种反应。它将飞来的花粉视作袭来的敌人，为了快速清除异己，便采取打喷嚏、流鼻涕和流眼泪等方式，试图将花粉冲洗出去。花粉与病毒或细菌不同，既没有毒，也不会增殖，看起来似乎放置不管也无所谓，但为什么还会引发人体的防卫反应呢？这就要涉及"花粉症"这一现代病的奇妙之处了。有人认为，由于现代人热衷消毒，导致环境过度洁净，闲极无聊的免疫系统只能将过剩的战斗力用于此处；也有人持相反观点，认为都市中的大气经过多种物质污染，导致免疫系统过于敏感；还有研究者认为，饮食习惯的变化破坏了免疫系统的平衡。

那么，免疫系统是如何区分自我与他者的呢？当我们还是胎儿的时候，免疫系统就已经创造出了大量免疫细胞。免疫细胞准备了形态各异的抗体（抗体与外敌结合后会导致外敌失去活性），其变种有一百万种之多，只为与一切可能存在的敌人战斗。由于结构松散，也会有免疫细胞创造出能与自身成分进行反应的抗体，但是这类细胞会在胎儿发育过程中自我毁灭，剩下的免疫细胞则继续与外敌战斗。也就是说，对于免疫系统来说，"自我"就是那个中空的空间，即"void"。无论怎样在身体中寻找自我，都是一片虚无，只有周围的事物能界定出自我。野口勇大概对此心知肚明吧。

　　我也患有严重的花粉症，到了相应季节便格外抑郁。但是，与花粉症对抗就是与自己的免疫系统对抗，因此我不会进行无谓的抵抗，只会拿着纸巾，得过且过。

"捐卵"成了热门话题。
为了生育，真的有必要如此
大费周章吗？

　　清与兰都已经过了三十五岁。两人结婚后始终以
事业为先，甚至一直刻意回避生孩子的问题。话一说
出口，就会立刻变成激烈的争吵。生孩子这件事到底
是利大于弊，还是弊大于利？哪一方要付出更多的牺
牲？长期争论下来，两人最终决定要孩子。毕竟未来
可能会因为没有孩子而后悔，但是相反的情况应该不
会出现。

　　然而，当两人开始为怀孕努力后，却发现没那么
容易。两人都认为不是自己的错，结果一检查，发现
是兰的卵子存在问题……

　　女性的全部卵子都是在胎儿期的最初四个月形
成的，数量大约有七百万个。出生时，大部分卵子就
已消失，能留到青春期的大约有三十万个。从那时开
始，众所周知，每隔大约二十八天，一个卵子便会被
排出。一年有十几个，一辈子加起来也只有几百个卵
子能得到受精的机会。

　　在资本主义时代，这一生物学上的事实已经拥有
了截然不同的意义。"剩余"的大约二十九万九千五百
个卵子产生了商品价值。

　　不过，与取精不同，取卵是非常困难的。第一个

　　　　　　　　　　　　Chapter 01 熊猫的战略

体外受精的成功案例出现在1978年，罗伯特·爱德华兹博士凭借这个案例在2010年获得了诺贝尔奖。

要想取卵，需要先注射排卵剂刺激卵巢，让卵巢一次排出多个卵子。同时，当事人还要进行若干次血液检查和超声波诊断。卵巢位于体内深处，取卵时必须施以麻醉，然后用针吸出卵子。这一过程存在出血和感染的风险，一旦遭受损伤，还有导致不孕的可能。

强大的经济诱惑正是由此产生的。他人提供的卵子能够实现一对夫妇"想要孩子"的愿望，美国已经将此作为不孕治疗的一种手段。

有报道称，提供精子的报酬是每次几十美元，而提供卵子的报酬是每次几千美元，如果提供者毕业于名牌大学，则能获得数万美元的酬金。美国妊娠协会认为，这些报酬并非卵子的价格，而是对提供卵子可能带来的痛苦和风险进行的补偿。

然而，一言以蔽之，这只是逻辑上的偷换概念。人们实际上就是在买卖卵子。

话复前言，随着检查的推进，医生发现清的精子数量也相对偏少。如果使用他人的精子和卵子受孕，在他人的子宫里完成怀孕过程，那么孩子将有五名父母。想到这里，两人突然清醒过来。

没错，生命的创造确实源于繁衍后代的想法，但是这并非生物的义务。在生物中，有许多个体都是在未能成功繁殖的情况下终其一生，但是没能留下后代的个体并不会受到惩罚或遭遇不利。整个种群只要保证一定的繁殖数量就好。在这一点上，人类是可以泰然处之的。

因此在我看来，基因并没有给我们下达留下后代的指令。相反，基因始终是这样命令我们的："自由地活着吧。"

温泉的功效

旅行最大的乐趣就是泡温泉。我试着回想了一下：在我去过的温泉中，到底哪里最有"秘汤"的感觉？

那是发生在西班牙旅行途中的事。我正驾车行驶在因斗牛闻名的马拉加和坐拥阿尔罕布拉宫的格拉纳达之间，四周是一望无际的丘陵，目光所及之处都是橄榄田。穿过一座小村庄时，旅行指南上写着："附近有温泉。"啊，好想泡个温泉放松一下啊！漫长的旅行已经让我疲惫不堪。可是村子里只有寥寥几幢石砌住宅，人迹罕至，丝毫没有日本温泉街的氛围。夕阳西下，天色渐暗，我还是没有找到能泡温泉的地方。

在欧洲地区旅行时，我痛切感受到了英语根本就不是什么国际通用语言，而是一种极其小众的语言。尤其是在小城镇，几乎没人会说英语。大家都是两手一摊，满脸茫然。

我好不容易拦下了一个路过的大叔，可怎么才能表达清楚"温泉在哪里"这个问题呢？我一边大喊"hot spring"，一边手舞足蹈地冲他比画，看起来就像一只快要溺水身亡的猴子。但是大叔似乎明白了我的意思，开始说明：沿着这条路直走，拐弯，然后下一个街角再……可是我没能明白。结果就在下一秒，大叔用手势表达了这样一句话："对了，我可以开自己的车过去，你跟我来。"于是我顺利地来到了温泉设施的门前。真是太感谢了！待大叔离开后，我仔细一看，发现这里是一座围着栅栏的医院。

这里所说的温泉，大概就是一处治疗设施吧。找实在没能鼓起勇气问出那句"请问能不能泡一下"。

就在那时，对面传来了欢快的声音。我走过去一看，眼前出现了一个水泥鱼塘模样的东西，里面装满了热水，好几个人正泡得不亦乐乎。原来这是从医院流出来的温泉在排入河川之前的储水槽，俨然已经成了当地人的免费温泉。当然，泡在里面的人们并非赤身裸体，而是穿着泳衣或者T恤衫搭配短裤。我多少有些不好意思，但是人们还是接纳我。啊，真是舒服极了！

关于温泉的功效，首先是温暖全身，促进血液循环（身体散热会让血管松弛，血流量上升），消除循环不畅，这应该是最主要的。其次便是促进最近受到关注的热休克蛋白（HSP）的活性化。常温下的细胞如果突然暴露在高温环境中，就会快速增加HSP。这种蛋白质主要作用于分解细胞内的变性物质和废旧物质。这是人体本就具备的功能。HSP产生反应的温度是42摄氏度到43摄氏度，正好是温泉的温度。当逐渐温暖的不只是细胞，还有浸入温泉的整个身体时，各个部位的HSP究竟会如何活动，今后的研究一定会揭示出更加有趣的内容。

　　泡进温泉，一身清爽，自然就会有种重生的感觉。也许这就是大量细胞进行新陈代谢，动态平衡得到更新的过程。从温泉出来后，我继续踏上了前往安达卢西亚的旅途。

Chapter
02
狗的背叛

我总和我的爱犬在一起。
狗和人之间真的会互相传染
疾病吗？

很多人都喜欢狗，杜立德医生家里也有一只名叫吉卜的狗，它头脑聪明，屡次立功。能与狗交谈的杜立德医生还曾让狗作为证人出席审判，成功解决了疑难案件。

狗与人类关系亲密，对人类忠心耿耿。人们普遍认为，这是因为狗的祖先是野狼。野狼属于群居动物，阶层地位是它们最重要的规则，秩序和稳定由此得以确立。它们一方面对上位者的命令绝对服从，另一方面又常对下位者颐指气使。

人类养狗时，最容易遭遇的失败就是过度宠爱狗，导致狗误认为自己就是群体的领导者。原本只有经历无数考验，具备领导力与判断力的狗才能担任群体的领导，因此当它们在人类的家庭中被捧上高位时，往往就会不知所措，连忍耐孤独的强韧内心也不复存在，变得胡闹起来。

言归正传，如今狗的品种繁多，从吉娃娃、玩具贵宾犬之类的小型家犬，到圣伯纳犬、杜宾犬等大型犬，应有尽有。但是无论哪种狗，都属于同一个"种"。从生物学角度对"种"刨根问底可能有些困难，不过简单来说，只要相互之间能够交配，就属于同一个"种"。让吉娃娃和圣伯纳犬交配是难以实现的，但是可以使用双方的卵子和精子进行人工授精。卵子和精子表面存在着特殊的"钥匙"与"钥匙孔"，它们的精密构造是否完全一致，是双方能否交配的关键。

过去曾出现过一个"猩猩人"奥利弗（很久以前的事了），他被认为是人类和黑猩猩之间的孩子。不过毫无疑问，奥利弗就是纯粹的黑猩猩。人类与猿猴的"钥匙"和"钥匙孔"无法相配，这就是"种"之间的壁垒。

但是，自然界中也有擅长"开锁"的生物体，那就是在人类和动物之间自由穿梭的病毒们。为了实现"感染"，病毒需要与人类的细胞对接，进而向人体细胞内注入病毒基因。

这一过程与精子和卵子结合后，精子向卵子内部注入基因的过程惊人地相似。如果持有能够打开人类细胞"钥匙孔"的"钥匙"，病毒就能感染人类。如果持有能够打开犬类细胞"钥匙孔"的"钥匙"，病毒就能感染犬类。但在这一过程中，确实出现了持有"人狗通用钥匙"的病毒。

不过，即便发生感染，也不见得会立刻出现症状。病毒基因侵入细胞内部后必须劫持细胞，并且进行大量的自我复制，其中的各个阶段都需要"钥匙"。因此，能够超越"种"之间的壁垒的病毒可以被称为世间稀有的"开锁大师"。

当然，这并不是病毒有意为之。不断进行不规则变化的病毒经常会改变"钥匙"，这是由环境决定的。所谓环境，就是指人与狗之间关系过于密切的现代社会。也就是说，人与狗共存的都市是病毒的天堂。

男朋友是坚定的"草食系"[1]，从营养学角度看真的没问题吗？

你的意思也就是素食主义者能否保持健康，是这样的问题吧？在前文谈到能量问题时，我描述了碳元素的循环。我们摄取由碳原子连接而成的碳水化合物，以此作为能量来源，然后将其分解、燃烧。所谓燃烧，其实就是氧化。我们由此获得热量、动能和化学能，用它们来维持体温，进行新陈代谢。燃烧后的残渣变成碳元素的氧化物，即二氧化碳，二氧化碳主要通过呼气排出体外。植物则通过光合作用将二氧化碳重新转化为碳水化合物。

与碳元素一样，还有一种重要的元素在生命活动与地球环境之间往返，那就是氮元素（N）。氮元素是蛋白质与核酸（DNA与RNA）中不可或缺的组成成分。我们人类如果摄取了多余的能量，是可以把它们储存起来的，诸位肚子上的脂肪正是由此而来。但是，多余的蛋白质是无法被储存的，只能一刻不停地被分解、排出，然后再重合成。我们每天都会将大约60克的蛋白质排到体外。所谓粪便，并不全是穿过消化道的未消化物质，而是我们自身的分解产物。尿液也是如

1　"草食系"是2006年出现在日本的概念，指性格温厚、欲望淡泊，在恋爱上也较为被动的人。与之性格相反的人被称为"肉食系"。

此，其中也包含着许多被排出体外的氮元素。

正因如此，我们必须吸收相应分量的氮元素。被排出的氮元素换算成蛋白质有60克，所以我们每天必须通过饮食补充相应的蛋白质，这就是维持生命的动态平衡。60克是指在干燥状态下的重量，而通常情况下，食物的湿重是干燥状态下的两倍，因此需要摄取的蛋白质重量其实是120克。由此可见，吃掉一块儿白克的半熟牛排属于蛋白质的过度摄取，会导致体脂堆积。但是氮元素无法储存，会被排泄出去。

我们不一定非要从动物性食物中摄取蛋白质，从植物性食物中也可以摄取到蛋白质。地球上存在量最大的蛋白质是核酮糖-1,5-二磷酸羧化酶，它是负责完成植物光合作用的酶。因此，任何种类的叶片或蔬菜都含有丰富的蛋白质，大豆等豆类也含有优良的蛋白质。所谓优良，是指蛋白质中的氨基酸组成（蛋白质是由氨基酸这一含氮化合物连接构成的）非常均衡。在氨基酸中，有9种必要氨基酸是无法在体内合成的，所以必须均衡地从食物中摄取。只要能摄取每日所需的能量（由体重决定，成年人大致需要1600千卡到2000千卡），只吃植物蛋白的素食主义者也不会出现健康问题。有一点需要注意，如果仅依靠单一的谷物获取蛋白质（例如只吃玉米），氨基酸的组成就会失衡，进而造成赖氨酸和色氨酸等必要氨基酸不足的风险。

另外，还请允许我画蛇添足地多说几句。人们常用"草食系"一词指代性冷淡的男人，我一直对此抱有疑问。毕竟无论是绵羊、山羊还是牛，食草动物在性方面总是格外贪婪的，行为也十分激烈。它们在那种时候发出的叫声，可不是用吵闹就能简单形容的啊……

九州有羊得了羊瘙痒症，
吃羊肉安全吗？

根据报道，出现问题的羊是一只6岁的雄性萨福克羊（一种主要为羊排、烤羊肉等提供原材料的肉羊），2011年3月月末被发现死在羊圈中。

羊瘙痒症是一种充满谜团的疾病。患病后的羊会出现异常行为，病名也源于病羊会在栅栏上摩擦（刮擦）身体的举动。病羊最终无法自行站立，不断衰弱，经昏迷后死亡，这是因为病毒入侵了羊的大脑。利用显微镜观察病羊的大脑便会发现，病羊大脑中出现了多处孔洞，即神经细胞死后形成的空洞。由于形成空洞的大脑看起来像海绵，这种疾病又被称为海绵状脑病，一旦感染便无药可治，致死率为百分之百。

羊瘙痒症早在18世纪的欧洲就被视为怪病，但是研究者们最初并不知道这种病具有传染性。要想证明疾病的传染性，只需将患病动物的脑子捣碎，再注入健康动物的体内，观察其是否发病即可，实验方法十分简单。但是羊瘙痒症完全不同。

我们熟知的流感一类的传染病，从感染到发病，中间会有几天的潜伏期。研究者们看到经过注射的健康动物几个月后并未发病，于是决定放弃观察。这是因为羊瘙痒症的潜伏期极长，可以长达数年之久。

当我们判断某种疾病为传染病，意味着存在一种以这种疾病为媒介的病原体，这种病原体会偷偷摸摸地移动。羊瘙痒症一旦出现，同一牧场的羊就会接连染病。哪怕发病一时停止了，也会在若干年后卷土重来。不过这种疾病的感染路径始终是个谜团。如前所述，通过注射传播病毒在实验中是可行的，但是在自然界中，羊从不会吃其他羊的大脑。这种病究竟是通过唾液传染，还是通过残留在牧草和土壤中的排泄物或胎盘传染，至今仍不明了。

羊瘙痒症突然受到广泛关注，与20世纪80年代中期开始在英国出现的牛海绵状脑病（BSE）密切相关。牛海绵状脑病是羊瘙痒症出现在牛身上的版本，可是羊的疾病为什么会传染给牛呢？这是因为人们让牛食用了羊肉。为了以尽可能低的成本将家畜尽快养壮，人们使用由死羊制作的"肉骨粉"喂牛，其中混入了因羊瘙痒症病死的羊。

人类食用了由这类饲料喂养的牛之后，经过漫长的潜伏期，接连出现患有牛海绵状脑病的人类版本——克雅氏病（CJD），引发了巨大的社会问题。从2001年开始，日本也陆续发现了36例牛海绵状脑病病例，但是始终没能查明传播路径。牛海绵状脑病造成的灾祸并未结束。

让我们说回2011年发生的羊瘙痒症。日本（与英国一样）禁止向牛羊投喂肉骨粉饲料。这是日本国内时隔6年再次发现此病，也是第一次在九州发现。为什么该病会在这一时期突然出现还是个谜，不过此前也有孤立发生的情况。报道中虽然写了"不会感染人类"，但这只不过是种推测，毕竟其病原体曾经通过牛感染了人。也就是说，这一病毒能够针对宿主随机应变，必须多加注意。希望详细了解这神秘病原体的读者，还请参考拙著《朊病毒是真的吗？》一书。

我以前特别喜欢吃生拌牛肉，
没想到它竟然不是什么好东西。
大肠杆菌真可怕啊。

大肠杆菌的外形恰好与阿波罗计划中的登月舱外
形完全一致。为了实现月面软着陆，登月舱由支架和
舱体两个独立部分组合而成。而大肠杆菌的不同之处
在于它的"着陆舱"是由极小的蛋白质构成的。

微型着陆舱需要着陆的不是月球的表面，而是我
们身体细胞的表面。不像月球的表面那么坚硬，细胞
的表面覆盖着又松又软的膜，上面随处都是像树木或
珊瑚礁一样的凸起。

这些凸起原本就像天线，是细胞之间的连接器，
用来接收荷尔蒙等信号，并不服务于微型着陆舱。但
是为了实现细胞表面的软着陆，着陆舱的支架会抓住
这些凸起。只不过由于支架构造特殊，只能与大小和
形状完全吻合的"树木"相接，因此着陆舱会一边在
细胞之间漂移（细胞之间充满血液和体液），一边等待与合
适的"树木"邂逅。如果能够完美相接，着陆舱便会
进入临时停靠状态。

活着的细胞会促使其表面构造不停地运动，将
"树木"纳入细胞内进行分解，或是制造出新的"树
木"输送到细胞表面，或是回收再利用，这样可以进
行新陈代谢，细胞的状态也能不断更新。当细胞表面

的"树木"被收于细胞内时，如果微型着陆舱与该"树木"结合了，那么着陆舱就会被细胞完整地吸收进去，侵略细胞的任务就成功了。

覆盖在细胞表面的膜虽然很薄，却像乳胶气球一样没有接缝，外部物质无法轻易进入内部。正如《星球大战》的主人公趁着敌方舰队成群出入时顺利潜入一样，微型着陆舱也是巧妙地利用细胞运动进入细胞内部的。

细胞内部出现了不可思议的现象。与"树木"结合的支架离开了原本相连的舱体，和"树木"一起被送入细胞内的分解工厂。而舱体则免遭分解，在细胞里四处游荡（细胞内也充满了液体），同时干起了不得了的大事：一旦发现对细胞的生命活动至关重要的RNA，舱体便会从某一个位置切断对方，与《星球大战》的主人公破坏宇宙飞船中枢的情形如出一辙。此时，细胞根本就不是对手。

我在前文使用了"巧妙""利用"等一系列拟人化的词语，但是微型着陆舱并不存在任何能称为思想的东西，只不过是具有特殊构造的蛋白质（着陆舱）恰巧遇到了细胞上的特殊构造（"树木"），便顺应生命活动的过程发展下去。若与特殊的RNA偶然在细胞内相遇，就会自动出现切断这一反应，仅此而已。

不过问题确实存在，对于我们的细胞来说，这样的蛋白质进入细胞内并引发特殊反应，其结果是完全无法预测的。在漫长的进化过程中，这类偶然的遭遇也几乎未曾发生，因此也没有进化出防御的方法或耐受性。病原性大肠杆菌O157和O111带来的蛋白质正属于此类不祥的细胞着陆舱。

妻子太溺爱女儿了。

我不想让孩子在过度保护中长大。

我们生物学者会饲养白鼠来做实验，较大的是"rat"，较小的是"mouse"，都养在被称为笼子的方形透明塑料箱里。仔细观察就会发现，老鼠们很爱干净，粪便都尽量排在角落里，有时还用前肢抓住粪便，后肢站起，把粪便从笼了的金属网盖的缝隙中扔到外面。

老鼠属于夜行动物。一关上动物饲养室的灯，它们就会立刻活跃起来。半夜里悄悄打开门往里一看，就会发现，一片黑暗中，老鼠们正在笼子里跑来跑去，"唰啦唰啦"地嚼食物，躁动的气息弥漫在整个房间中。

怀孕的老鼠会被移入单间。把报纸塞进去不一会儿，便能看到母鼠已经将报纸撕成细细的小条，做成如鸟巢般的"巢穴"，专门用来产崽。正如日本人把家鼠称作"二十日鼠"，老鼠的怀孕时长只有短短二十多天，每胎能生下几只到十几只幼鼠。由于母鼠每次都能排出多个卵子，每个卵子都和不同的精子结合，所以一胎所生的幼鼠并非克隆体（基因相同），而是兄弟姐妹。

刚生出来的幼鼠没有毛发，看起来就像又红又软的豆子。这些"豆子"拼尽全力吮吸母亲的乳房，整个哺乳期会持续一个月。随着毛发慢慢生出,幼鼠们开始自行进食。我们会在这时将它们与母亲分开,按性别分组,给每只幼鼠确定编号,移入各自的饲养笼中。

让人饶有兴趣的是老鼠母亲的育儿方式也充满个性,有一心安抚看护幼鼠的母鼠,也有对幼鼠毫不关心的母鼠。

一项有趣的研究显示,在悉心照料中长大的幼鼠相对平和,成年后的状态也较为放松。没有感受过关爱的幼鼠则充满警惕,成年后也常常显得焦躁不安。

个体一旦暴露在压力中,肾上腺就会分泌出一种名为皮质醇的激素。皮质醇可以促进热量的燃烧,帮助人们战斗或逃跑。如果分泌出的皮质醇数量过多,其中一部分便会到达脑部的海马体,在那里与皮质类固醇受体(GR)的分子结合,进而发出信号。该信号经过下丘脑和脑下垂体后会发生变化,作用于肾上腺,抑制皮质醇的分泌。也就是说,这是一个能够自我循环的系统。

育儿方法与GR水平是相关联的。凡是出生后受到精心照料的幼鼠,GR基因的"音量旋钮"都会开得很大。

如果GR水平较高,大脑就能敏锐地检出皮质醇,快速进入循环,抑制压力反应。这样一来,孩子的性情更容易保持温和,育儿也就相对更从容。

也就是说,这里谈论的不是基因本身有无问题,而是基因的表达方式可以通过行为超越时间，世代遗传下去。研究这种现象的学科被称为表观遗传学，已经成了生物学研究中的新趋势。当然，研究老鼠得出的结论并不一定能立刻应用到人类身上。

Chapter 02 狗的背叛

最近生活太没滋味，想轻松
体验一下未曾体验过的"感动"。

　　在肉眼不可见的微观世界里，同样存在着孕育了
丰富生命的小宇宙。大约三百五十年前，出生在荷兰
代尔夫特的安东尼·范·列文虎克注意到了这一点。
彼时，日本正处于江户时代初期。列文虎克自己磨
制镜片，将它们插在金属板之间，手工制作出了显微
镜。那是和现代显微镜完全不同的原始物件，却惊人
地实现了三百倍的放大效果。看到从水坑中取出的一
滴水里活跃着形形色色的微小生命体，列文虎克不禁
屏住了呼吸。这就是微生物的发现。

　　然而，列文虎克并不是接受过正规教育的科学
家。他出身于商人家庭，本职工作是代尔夫特市政府
的小职员。工作之余，他以显微镜狂热爱好者的身份
沉迷于观察任何能够观察的东西，并且留下了大量
记录。

　　"无论是古代还是现今，公务员可都真闲啊……"
有一次我的这句话刚说出口，就被骂了个狗血淋头。
对不起，大家当然都在拼命工作。

　　我们也能体会到列文虎克的这种感动。给诸位推
荐团藻。从水田或池塘里舀一勺水，用纱布之类的东
西简单过滤一下，就能收集到团藻。

　　即使是市场上出售的便宜显微镜，只要能满足放

大几十倍到一百倍的要求便能观察团藻，用来进行暑期的自由研究是个不错的选择。团藻是由无数个小颗粒按照几何学规律集合在一起形成的球体，仿佛飘浮在宇宙中的飞船。每个颗粒都是一个细胞，呈绿色，是可以完成光合作用的植物性细胞群体。但是仔细观察就会发现，团藻始终都在咕噜咕噜转个不停。

如果球体只是顺水漂流，是不可能像转圈一样滚动的，因此团藻的滚动是自主形成的。每个细胞附带的两根短须（鞭毛）就是团藻的划水用具，而且这些短须就像足球比赛时观众席上的人浪一样呈现联动的状态，需要整体运动才能保持同一方向。同时，团藻的滚动始终朝着光亮进行。在培养皿中放入大量团藻，让光线从一方照射，绿色的"帘子"就会同步运动起来。

那么，这些小细胞为什么能感知光线，相互联动呢？这个问题暂且当成给诸位的作业留在这里。仔细观察团藻，你就会发现其中的奥秘。

团藻是会增加的。球体中会诞生若干小球体，成长为迷你团藻。不久后球体破裂，小球体跑到外面。这一过程会在温暖的季节里不断重复，但是到了秋天，产生卵子和精子的团藻就会分别出现，精子在游动中与卵子结合，形成受精卵。由此诞生的团藻会长出坚硬的外壳，准备越冬。

也就是说，团藻有时会像植物一样进行光合作用，通过细胞分裂来繁殖，有时则像动物一样进行有性生殖。它们看起来像是由单细胞集合而成的群体，实际上却具备了细胞间的联动机能，可以像多细胞生物一样进行生命活动。在这个微小的团藻球体中，包含了一切生命现象的基本要素。

邮件、手机、社交媒体，
信息化社会虽然方便，
却让人疲倦。

在上一篇中，我写到了团藻。团藻属于栖息在水中的微型生物，是由大量细胞聚集形成的球形群体。但是它们并非乌合之众，而是具有向光游动等共同目标的行动集体。这就是细胞与细胞之间的团队合作。其实通过显微镜观察便能发现，团藻的细胞之间布满了细线一样的"联络网"，细胞们正是通过这一网络交换信息的。

我们人类是由大约六十万亿个细胞构成的。而人类细胞分裂的原点，则是一个受精卵。此处重要的也是细胞之间的联动。

联动的方法多种多样，其中也包括像团藻那样在细胞间直接形成联络通道的方式。但是在多数情况下，细胞外面覆盖着细胞膜，无法直接与其他细胞相连，因此完成这一任务的是连接在细胞之间的信息递质。特定的细胞在刺激下排出信息递质，继而在细胞间扩散，传递给其他细胞。这些递质有时还会在血液中巡游，抵达较远的细胞。细胞表面存在能够接收外界信号的受体，可以捕获特定的信息递质。

信息递质活跃在各个地方，传递着五感的刺激。人在用餐后血糖升高，胰脏便会排出信息递质，也就

　　　　　　　　　　Chapter 02 狗的背叛

是胰岛素。胰岛素顺着血液流动，向其他细胞（尤其是脂肪细胞）发送信息："糖来了糖来了，请赶紧吸收它们，储备它们吧。"

神经的传递也是如此。神经细胞就像遍布全身的输电线，但实际上，每个神经细胞都是独立的单位，它们之间存在着神经突触，神经之间就是通过神经突触与信息递质进行交流的。

我们听到"信息"一词，脑海中一般都会浮现出储存在网络上的记录或数据。但是，对于生命来说，信息的概念有所不同，"出现后立刻消失"这一点是最为重要的。

胰岛素进入血液传递信息后，会快速在代谢中消失。突触之间的信息传递会用到一种名为血清素的物质，但是血清素也会被迅速分解、吸收，消失得无影无踪。作为信息递质的前列腺素会在降压、凝血、收缩肌肉等领域发挥重要作用，但它的寿命同样很短，转瞬之间便不复存在。

为什么"消失"很重要呢？这是因为对于生命来说，变化本身就是信息，变化的幅度（差异）可能正是引发下一个反应的关键。这么一想，就会明白我们如今为何会被所谓的"信息"牵着鼻子走。网络上或邮件中的话语永远不会消失，而是会变成拔不走的尖刺留在那里。也就是说，我们创造出的人工信息是不具备生命性的。

男朋友特别喜欢吃辣。
就算吃辣可以减肥，
也不能吃太多吧。

我们的味觉基本上能感受五种味道，即甜、酸、苦、咸、鲜。甜味是我们寻找糖分，也就是寻找我们的主要能量来源之一——碳水化合物的重要线索。鲜味则是构成蛋白质的氨基酸（谷氨酸）带给我们的味觉。也就是说，美味的食物有利于身体，也是必须的。

有意思的是，我们无法从碳水化合物本身（面粉和薯类）或蛋白质本身（蛋白）直接感受到味道。当它们"分崩离析"，也就是开始分解时，我们才能从它们释放出的糖分或氨基酸中感受到甜味或鲜味。

这恐怕是动物在进化过程中产生的能力：当猎物受伤、倒地，渐渐无法动弹时，我们需要根据甜味与咸味的浓淡来发现猎物的所在之处。

咸味的感知源于我们必须通过摄入必要的盐来维持体内的渗透压。咸味也是血液的味道。

与此相对，酸味和苦味在某种程度上说都是用于警戒的味道。食物一旦变质，就会渐渐腐烂、发酸，而自然界中不少苦味的东西都对身体有害。

不过，我们也经常能从适当的酸味和苦味中获得美味的感受。儿时不喜欢的酸味食物或苦味饮品会随着年龄增长而变得美味。味觉会在时间和经验的积累中增加深度。

除了基本的五种味道，我们还能感受到其他味道，辣味就是其中之一。例如，咖喱和辣白菜的辣味，都是我们对辣椒中所含的辣椒素的反应。舌头上的味蕾包含的五种味觉感受器与各种物质结合，使我们能感受到五种基本味道，但辣味是通过其他途径被感知的。人一旦吃到极辣的食物，会在短时间内感受到辣味，哪怕立刻喝水，一时半会也无法去除。这是因为辣味是由舌头表面组织内侧的神经末梢负责感受的。辣椒素到达那里是有时间差的，一旦进入就很难冲走。而且从神经的感受来看，辣味是接近于"痛觉"的。

就像遭到殴打般的疼痛，辣味让交感神经兴奋起来，心跳加快，体温上升，体脂的燃烧也得到推动，简直就是一副临战的架势，因此食用辛辣食物确实能够减肥。只不过辣味带来的美味会引诱人们大吃特吃，让减肥的人前功尽弃。

很多人都喜欢极辣的食物，所以竞相种植辣椒素含量高的辣椒。比如"特立尼达蝎子布奇T"就曾是吉尼斯世界纪录认定的世界上最辣的辣椒，我参加NHK《生命不思议》节目时，负责主持的剧团一人[2]曾

2　《生命不思议》（いのちドラマチック）是NHK（日本放送协会）于2010年到2011年播放的自然科学节目，男演员剧团一人（劇団ひとり）为主持人之一。

经试吃了这种辣椒，结果因为太辣导致节目录制一时中断。看到那个情形，我当场就放弃了品尝。

植物为什么会产生这种辣味成分，至今仍是个谜，但是有种假说认为，辛辣成分既可以避免动物食用果实，又能让生吞食物的鸟类通过食用果实来传播种子，属于生物战略。有的鸟类不会从辣椒素中感觉到辣味。

姐姐像蝴蝶一样美丽，
我却像蛾子一样灰头土脸。
总被别人比来比去，我很伤心。

　　与华丽轻盈的蝴蝶相比，蛾子给人的印象确实不怎么好。一般而言，蝴蝶在白天飞舞，蛾子在夜间活动。蝴蝶停下时会立起翅膀，合在一起，蛾子则会把翅膀水平展开。蝴蝶触角细长，前端如同圆润优美的天线，蛾子的触角则呈现出梳子或羽毛的形状。最重要的是蛾子的色彩和花纹暗淡无光，令人害怕，呈茶色或褐色，上面散布着朽木或枯叶般的纹样。

　　我想很多人都有这样的经历吧，在一些避暑胜地的酒店里，晚上不经意间看向玻璃窗，会发现许多蛾子正密密麻麻地趴在外面，相信大家都曾被这一幕吓得浑身一激灵。

　　蛾子给人的印象越发负面，恐怕也跟奥斯卡最佳影片《沉默的羔羊》脱不了干系。这部由朱迪·福斯特主演的电影自始至终让人屏息凝神，当年看完电影，我半天都没能从座位上站起来。但是与此同时，我又被安东尼·霍普金斯演绎的汉尼拔博士深深吸引。

　　猎奇的连环杀人案凶手在隐秘的家中饲养蛾子。那是一种名为鬼脸天蛾的大型蛾子，背部呈骷髅纹样。凶手杀人后剥掉受害者的皮，在尸体的喉咙里塞上蛾蛹，表达出凶手渴求变身的愿望。在地上爬来爬去的幼虫经过作茧成蛹的沉默，最终会拥有飞翔于广阔天空的姿态。没有什么比这一变化更能戏剧性地象征生命的形态改变。

其实，即使是目前最先进的分子生物学，也不能完全解答组成幼虫的细胞是怎样短时间内在蛹的内部溶解，又是怎样变成四片大翅膀的。

顺便一提，昆虫收藏家的收藏癖会导致其最终把女性也作为藏品进行"收藏"，这一刻板印象在日本由来已久。电影《蝴蝶春梦》就是如此，只不过主人公收集的不是蛾子，而是蝴蝶。这是一种显著的偏见。执着于物品收集是男性的特点，如果未来有机会，我也很想考察一下这背后的原因。喜爱昆虫的男性往往沉稳老实，情绪内敛，他们只是被大自然创造的形与色打动而已。

招人厌烦的蛾子在生物学上与蝴蝶同属鳞翅目，是大约两亿年前由类似蜻蜓的生物进化而来的。日本本地的蝴蝶约有二百五十种，蛾子的种类则是其十倍以上，还有许多种未经分类甚至未被发现。鳞翅目的多样性令人震惊，蛾子正是其最佳体现。仔细观察便会发现，蛾子要比蝴蝶潇洒、时髦得多。诸位听说过咖啡透翅天蛾吗？巨大的幼虫附着在栀子的叶片上，顶着奇怪的斑纹和尖尖的尾巴，害怕毛毛虫的人看了恐怕会当场昏倒。但是当它们化为成虫后，咖啡透翅天蛾就变成了鲜艳的橄榄色胴体外面系着天鹅绒腰带的模样。意大利的时装设计师们大概也想不到这种配色吧。白天里，它们扇动着清澈透明的翅膀在花间飞舞，吸取花蜜时甚至会在空中悬停，宛如蜂鸟般敏捷优美。

请再次悄悄观察一下停在玻璃窗上的蛾子吧，我想诸位一定会发现孕育在生命细节之处的静谧与美感。

Ⅲ N

验孕棒显示的结果
让人紧张不已，不过也会
有弄错的情况吧?

诸位抱过兔子吗?

我曾养过很多兔子。每次抱起兔子，我都惊讶于它们的温暖。兔子的体温比人类的高得多，心跳也很快。纯白色的家兔和人类十分亲近，总是在我怀中转动着圆溜溜的红眼睛。

但是，我养兔子并不是把它当作宠物，而是为了制造抗体。

许多像我这样的生物学者都以某种特殊的蛋白质作为研究对象，了解该蛋白质在血液和尿液中的含量或存在与否。这是十分重要的。但是，血液和尿液中的蛋白质种类繁多，想要知道特定蛋白质的有无并非易事。

在这种情况下，抗体可以起到巨大的作用。

抗体原本是免疫系统的一员，当病毒或细菌等外敌侵入体内时，抗体会与它们进行强力结合，使它们失去活性，堪称身体的武器。

特殊的病毒对应能够与它们完美契合的特殊抗体。同理，我们也能制造出与特殊的蛋白质完美契合的特殊抗体。

为此，我们需要将特殊的蛋白质伪装成"外敌"，让免疫系统识别到它们的存在。

这里就轮到兔子登场了。

首先，我们要精心完成特殊蛋白质的提纯（纯化）。随后，我们将它注入兔子体内，兔子的免疫系统识别到"外敌"，便会为我们制造出与之完全匹配的抗体。这时再从兔子身上抽血，血液中就会包含大量的特殊抗体。

特殊抗体是只会与特殊蛋白质（称为抗原）结合的抗体。无论面对多么复杂的混合物，特殊抗体都能从中找出抗原，这一反应称为"抗原—抗体反应"，对我们研究蛋白质很有帮助。

兔子性格温顺，采血相对容易。不过一只兔子身上只能注射一种抗原（否则抗体会混在一起），因此从研究层面看，能在狭小空间内大量饲养兔子是最合适的。顺便一提，在研究之外，抗原—抗体反应还被广泛应用于其他领域。

诸位使用过验孕棒吗？一旦怀孕，尿液中就会出现一种微量的蛋白质，它叫人绒毛膜促性腺激素。

验孕棒中加了只能与此种蛋白质相结合的特殊抗体。一旦发生抗原—抗体反应，验孕棒上就会显现颜色。有看到验孕棒的小窗口显现颜色后欣喜若狂的人，也有完全相反大呼不妙的人……人生千姿百态，反应也是各式各样，但是抗原—抗体反应始终敏锐而精准。

因此，验孕棒的测试结果几乎不会有错，正确程度甚至让人深感残酷。

★ 小栏目 ★

薄荷鲸鱼

我收到了设计师佐藤卓先生的来信：

"别来无恙。关于您以前十分担心会消失的那条鲸鱼，我特此向您报告它已健康归来。这是您召唤来的鲸鱼。"

哎呀呀，这真是可喜可贺。

很久以前，我曾在波士顿从事研究工作。波士顿是一座港湾城市，位于查尔斯河的入海口，海风吹拂的滨水区建有庞大的水族馆，海龟、蝠鲼和鲨鱼都在巨大的水槽里悠然生活，从水槽上方俯视观察，怎么看也看不过瘾。馆内展览也同样精彩，但是这里还有一个出名的项目，即从一旁的码头出发的观鲸之旅。

乘坐快艇在大西洋上航行两个小时后，四周是一望无际的大海，连小岛都看不见。从水族馆一同乘船的工作人员突然大喊："两点钟方向！"乘客们一齐跑到甲板右侧。"啊，出现了！"船只前方不远处的水面上露出了黑漆漆的巨大背脊，正划开水面，笔直前行。背脊的长度大约有二十米，简直就像一艘潜水艇。一转眼，那背脊便在水中划出柔和的弧线，鲸鱼的头部随即开始潜入水中。背脊上的凸起逐一浮出水面，然后又接连消失在水下。乘客们屏息凝神地注视着眼前的场景，谁都不想错过任何一个瞬间。当鲸鱼巨大的身体几乎全部沉入水中后，弯月形的尾巴猛地从海面扬起，高高地指向天空。这正是难得一见的鲸鱼扬尾。乘客们爆发出热烈的欢呼，快门声此起彼伏。随后，鲸鱼的身影便沉入大海，只留下在海面扩散开来的泡沫。我彻底被鲸鱼迷住了。如此超现实的巨大生物竟然真的存在于世，仅仅看上几眼，便会感动不已。后来，快艇又接连追着好几头鲸鱼行驶了一阵子，然后才踏上归途。

正如诸位所知，鲸鱼是哺乳动物。它们在水面用肺呼吸（喷气），在水中分娩、哺乳。研究认为，鲸鱼曾经像河马一样选择在陆地上生活，后来又回到水中，进化出适合游泳的身体。其证据在于鲸鱼和我们人类一样有七块颈骨，大腿骨的痕迹也还残留在体内。它们的身体之所以这么巨大，也是生活在海洋里的结果，毕竟拥有过大的内脏对于陆地生活来说是十分困难的。同时，如此巨大的身体也让它们不再有天敌（人类除外）。

让我们说回佐藤卓先生。大约二十年前，他为长年畅销的乐天薄荷口香糖设计了全新包装。新包装的蓝色比旧包装更加鲜亮，侧面排列着可爱的企鹅，清新时尚，广受好评。不过有一点让我十分在意：旧包装上除了站在冰山上的企鹅，远处的大海里还有鲸鱼一边喷气一边游泳。那只鲸鱼去哪里了呢？

这次，我终于确认了鲸鱼还活着的消息。夜空中的一轮弯月洒下皎洁的月光，鲸鱼正在快乐地游泳，还为我们展示了标准的扬尾。真是太好了，谢谢您，佐藤卓先生（顺便一提，包装里面到底有没有鲸鱼，听说只有打开才能知道呢）。

Chapter
03
不会
收纳的
女人

最近流行"断舍离",
可是我不擅长扔东西。
做一个"不会收纳的女人"
不行吗？

"断舍离"，真是个动听的词语啊，我们总是在不知不觉间就积攒了很多东西。对我来说，不能扔的东西是书，自己买的书，别人送的书，自己写的书。读后非常感动的书自不用说，始终没读的书也一直堆着，总觉得有朝一日会认真读完。就连那些读完只觉浪费时间的书，也常常舍不得放手。如果能从这样的执着中解放出来，将全部多余的东西都"断舍离"了，该多么畅快啊！可是一旦决定处理，无论是扔还是卖，都需要投入更多的精力。

没错，扔东西是需要大量精力的行为。直到最近，生物学家才察觉到了这一理所当然的事实。

从 DNA 到 RNA，从 RNA 到蛋白质，所有生物身上都具备完成这一制造过程的机能，方法也基本一致。

然而近年来的研究表明，对于生物来说，最耗费精力的是将制作好的东西弃之不用。制作方法大致相同，可是丢弃的方法却多种多样（人们尚未解明全貌，但是应该在十种左右）。生物（确切来说是细胞）需要耗费巨大能量，才能不断破坏并丢弃好不容易制作完成的东西。

而且在这一过程中，细胞要丢弃的并不仅限于已经损坏且无法使用的东西。那些还能继续发挥作用的，甚至和新品没什么区别的，都会在细胞内部毫不留情地接连被毁掉、被扔掉。

　　细胞内部存在大量蛋白质。贴上"小标签"（称为"泛素"）后，蛋白质便会被扔进被称作蛋白酶体的井里粉身碎骨。泛素到底会附着在什么样的蛋白质上呢？一研究才发现，就连刚刚形成的、热乎乎的蛋白质也难逃被分解的命运。

　　细胞还有一种叫作"自噬"的机能，相当于细胞内部处理大型垃圾的过程。发现大型垃圾后，细胞便用气球一样的薄膜将其包裹，注入消化酶，进行快速分解。但是详细研究自噬后便会发现，遭到分解的不一定是闲置的东西，那些还能用的，甚至是新品的东西，也会被一同破坏。

　　这些分解会消耗大量能量。

　　生命为何要如此竭尽全力进行持续的破坏和丢弃呢？其实这才是保证生命在数亿年中绵延不绝的秘诀。如果放置不管，宇宙中的一切事物都将迈向混乱无序。收拾好的桌面上，书本会立刻堆积如山，金属生锈，建筑老化，热水变温，炽热的恋爱迅速冷却。这就是"熵增"的法则。生命无法违反这一基本原则，却找到了能够延缓崩坏的方法，也就是在自然损毁前进行自主损毁，然后重新制造。

因此，就算你是一个"不会收纳的人"，我们生命体也会在微观层面上不停不休地保持"断舍离"。这是生存的根本，请你放心。

懒人更长寿。我想问问乌龟
在这艰难世界里生存的秘诀。

认为乌龟可爱的人好像比我想象中更多。同为爬行动物，蜥蜴和蛇让人毛骨悚然，行为上也有令人不解之处，相比之下，乌龟带来的亲切感却强烈得多。这大概是因为乌龟总是悠然自得，让人有种长舒一口气的感觉，而且也更容易拟人化。每当看到乌龟趴在池塘中央的小石头上晒太阳，心中便会浮起"世界真和平"的感叹。

但是，乌龟绝对没有我们想象中的那么迟钝。尤其是野生乌龟，它们敏捷的程度让人震惊。

小时候，我家附近的池塘里就有乌龟，我想它们是草龟。我一直都想抓一只回家。天气好的时候，乌龟们总是排列在岸边那些半没于水中的圆木上晒背甲。我准备好了长柄渔网，蹑手蹑脚地向它们靠近。看到它们一动不动，我伸长手臂探出渔网，刚准备下手的一瞬间，乌龟们就像处变不惊的花样游泳运动员，左右分开跃入水中，连声音都没有留下。我试了一次又一次，每次都是同一个结果。它们早就计算好了到水面的距离，一旦危机发生，便能瞬间脱逃。

在我建立自己的研究室，开始指导学生们做实验后，一名女生在小型水槽里养了两只红耳彩龟作为宠物，大概是想为无聊的研究室增添一抹柔和的色彩。

乌龟们很快适应了人类，只要有人看过来，它们便会伸长脖子讨要食物。

有时，我会埋头于实验直到深夜。安静无人的研究室，角落里突然传来"咔嗒"一声，我惊讶地循声望去，这才想起桌上还有水槽。不经意间感受到的生命气息真的可以治愈孤独。

一天深夜，我偷偷朝水槽看去，结果发现一只乌龟正在进行一种奇妙的行动。它面向另一只乌龟的鼻尖，前肢在水中不停挥动。没过一会儿，它的动作戛然而止，但是很快便又开始挥动前肢。我第一次看到这样的情形，后来才知道这是乌龟的求爱行为。

不过我最终没能见证爱情的发展，因为女生毕业后就把乌龟们带走了。

我自己也在公寓的阳台上养过小乌龟。将半个花盆放在塑料池塘正中当作小岛，乌龟便时而爬上去晒太阳，时而又钻到下方。小银鱼和碎火腿都是它爱吃的食物。

一天早上，我发现乌龟不见了。天气这么好，怎么就藏起来了？我移开花盆，可是底下并没有它的身影。大概是逃跑了吧？可是想到它的大小，越过塑料池塘的边缘应该是不可能的。我在阳台的犄角旮旯里找了又找，乌龟就像完全蒸发了一样，没有半点儿踪影。

乌龟消失的未解之谜在我心头久久无法散去，直到后来我读到一篇文章：乌龟生长到一定大小后虽然不会再有天敌，可是乌鸦对小乌龟来说是致命的。当时要是罩上笼子就好了，我至今仍然后悔不已。

我一直喜欢用免洗大米。
为什么免洗大米可以
不用淘洗呢?

淘米是烹饪的基础。我也上过烹饪课,老师对此要求非常严格,淘洗之后要立刻把大米转移到竹篓里,然后再洗一遍,继续转移。烹饪前的大米是干燥的,这样做可以避免大米吸收淘米水。

但是一忙起来,我不知不觉就改用电饭锅淘米了。即便如此,我还是会快速倒掉淘米水,随后竖起手指不断搅拌,让米粒相互摩擦,这是淘米的正确方法。

然而就在最近,无需淘洗的免洗大米迅速普及。事情到底会如何发展呢?

淘米的意义究竟是什么?这就需要我们了解稻子的结构。稻谷被谷壳包裹,附着在稻穗上。为了使其达到可以食用的状态,首先要从茎上取下稻谷(脱粒),再去除谷壳(脱壳)。稻谷又细又多,人类的农业科技史也可以说是脱粒与脱壳的历史。最初,人们将稻穗从梳子状的齿缝中通过,由此摘取稻谷,然后把稻谷放在两块木板间碾压摩擦,使谷壳剥离。即使在机械化发达的今天,脱粒与脱壳的原理也仍未改变。

这样得到的就是玄米(糙米)。禾本科植物的果实称为颖果,玄米的果皮和种子紧密相连,直接烹饪会变得干巴巴的,味道也不好。于是人们养成了除去果皮再食用的习惯，除去果皮后便是精米。制作精米是一种研磨工艺，被除去的残渣即是米糠。

这样一来，名副其实的白米就出现了。不过在制作精米的过程中难免在其表面留下一些米糠，因此必须反复淘洗，于是有聪明人发明了免洗大米。这用的是什么方法呢？

正所谓敢想敢干，聪明人想出的方法竟然是用米糠来清洗白米。米糠带有黏性，可以去除留在白米表面的那些米糠，就像用透明胶带去除透明胶留下的痕迹，真是个妙招。

话虽如此，米糠中也富含包括维他命、矿物质和食物纤维在内的营养物质，追求极致的精米是一种浪费。米糠可以用来去油或者作为腌咸菜时的底料，可是对于想将米糠作为米的一部分食用的人来说，玄米始终是他们的选择。不过要想把玄米做得软烂，就必须准备高压锅。

发芽玄米近来也颇受关注。玄米是稻子的种子，只要具备适当的水分和温度条件就能发芽。发芽是植物利用储存在种子内的营养成分，使植物成长的过程，正如字面所述，"发芽玄米"是味道"正在打开"的大米。由于淀粉和蛋白质得到分解，这一阶段的玄米比普通玄米更加美味，也更利于消化。将处于这一阶段的玄米重新干燥，中止其发芽过程，得到的就是发芽玄米。这种玄米使用普通电饭锅就能烹饪，但是由于制作工艺繁复，价格也相对较贵。我平时吃米饭，都是在免洗大米的基础上再加上30%左右的发芽玄米。

虽说免洗大米不洗也行，但我总是不知不觉就洗了两三遍。倒掉淘米水也不是件容易事，我总想快速倒掉，可是一旦倾斜过度，米粒就会顺水流出。不过最近，我发现市面上竟然能买到小巧的网状淘米器，再加上淘米棒，连做了美甲的人也能安心淘米。日本人的创意还真是厉害啊。

又是肉食系，又是杂草魂[1]，
日本的女性也越来越坚韧了。
楚楚可怜的少女已经灭绝了吗？

因为参加旅行节目《好想去远方》，我第一次来
到了九州的水俣。水俣市的大部分地区都坐落在群山
和清流的怀抱中，有着美丽的梯田，绿意盎然，让我
不禁思考起文明与文化的相克问题。

沿着河流向上游的山间走，有一个不可思议的地
方。节目组虽然没有安排，但是听说此地后，我自己
动身前去探访了一番。在山间穿行了一阵子，视野豁
然开朗。茂密的森林其实近在眼前，但是唯有眼前的
这一片是开阔的平原。这里没有农田，而是被高高
的、细叶芦苇般的植物和其他叫不出名字的草叶覆
盖，满眼都是绿油油的颜色，我的心里同时也泛着一
种难以言喻的寂寞感。

听说那里叫无田湿地，是现代日本残留下来的极
少数的湿地之一。说到湿地，人们容易想到尾濑国立
公园或佐吕别湿地，但是与那些位于寒冷地带的大规
模沼泽地不同，在过去，小谷地里也曾存在过许多天
然湿地。源源不断的水流并不一定都会形成湖泊，也
会在特殊的条件中创造出湿地，进而形成特别的生态

1　　"杂草魂"指人拥有像杂草一样能在任何环境下坚韧生存的能
　　　力和品质。

系统，栖息着珍贵的生物。

但是对于人类来说，这些湿地只不过是排水性能不佳、利用价值低下的土地。于是它们或被填埋，或被改变水流方向，接连被改造成田地、宅地和高尔夫球场。在这一过程中，无田湿地一带的有志人士从昭和时代中期便开始发起保护运动，最终促使水俣市政府买下这块湿地，建立了保护区。

我虽然是生物学者，但鉴于我是"昆虫少年"出身，因此对植物的了解并不太多。不过昆虫爱好者也有感兴趣的植物，那就是食虫植物。这类植物会自己捕食昆虫，而无田湿地里正好就有这类植物。

我穿好长靴，小心翼翼地进入湿地，一边拨开芦苇一边胆战心惊地前行，生怕自己一不留神就陷入无底深渊。

仔细看去，湿地中的植物种类丰富多彩。我在芦苇根部的缝隙间发现了一簇簇小黄花，是狸藻科的挖耳草，因为花的萼片形似挖耳勺而得名。与可爱的花朵相反，狸藻科的同类们可谓面目狰狞，丝状的地下茎盘踞在湿地表面和水中，上面附着大量带有毛刺的小袋子。当水蚤或孑孓碰到毛刺时，袋子就会在瞬间膨胀，眨眼工夫便把它们吸入袋中。之后，袋子底部的细胞分泌出消化液，可以慢慢将猎物溶解为营养成分，最终吸收进去。这与动物消化器官的工作原理几乎相同。

当然，狸藻科植物并不是自愿成为肉食系的。湿地缺乏营养物质，常年潮湿缺氧，微生物的繁殖环境恶劣，土壤也十分贫瘠。芦苇间射入的微弱阳光虽然能勉强帮助植物完成光合作用，但是大环境中缺乏植物必需的氮、磷和钾，因此普通植物是很难在湿地生存的。为了能在这样的生态夹缝中求得生存，狸藻科植物最终发展出了独特的生存技能——食肉。如今日本也有"像食虫植物一样的女人"这类的说法，但是这样的生命其实都掌握着独门绝技，可爱又勇敢。

咖啡成瘾啦，喝太多果然还是不好吧?

我也特别喜欢喝咖啡。顺便一提，维也纳可是没有"维也纳咖啡"这种东西的。以前在维也纳时，我曾前去欣赏维米尔的大作《绘画艺术》和著名的"威伦道夫的维纳斯"，两件作品分别收藏于相向而建的维也纳艺术史博物馆和自然史博物馆中。制作于两万多年前的"威伦道夫的维纳斯"是一尊胸部夸张的女性石像，各个版本的世界史教材中都能见到她的身影，博物馆的商店里也摆满了大小不一的复制品。而在美术馆那边，除了维米尔，还能看到勃鲁盖尔的《雪中猎人》和《巴别塔》。

欣赏完毕，我去咖啡馆休息。维也纳有许多光线昏暗、低调安静的咖啡馆，厚重的木桌子和铺着红布的椅子无一不雕刻着岁月的痕迹，仿佛还能看到昔日聚集在这里的文人们。

在日本，说到"维也纳咖啡"，就会想到黑咖啡上顶着打发的鲜奶油，然而维也纳咖啡馆的菜单上却没有这个名字。在维也纳期间，我学到了许多新名词，只不过记起来有点儿难。与维也纳咖啡相似的咖啡叫"Franziskaner"，而当地人常喝的是"Einspaenner"，即在泡好的咖啡中趁热加入大量奶油，容器一般使用玻璃杯搭配金属杯托。然后还有与卡布奇诺很像的"mélange"，它以浓缩咖啡为底，加入起泡的牛奶，这也是我最喜欢的一种咖啡。

喝下咖啡，为什么就会感觉精神一振呢？复杂的味道和香气成分自然是背后的推手，但是最重要的还是咖啡因的作用。咖啡因是植物产生的一种生物碱，其结构与DNA中的一部分相似（腺苷及其类似物），因此会嵌入细胞受体或抑制磷酸二酯酶，带来交感神经系统的兴奋（抑制磷酸二酯酶的原理与治疗勃起功能障碍的药物原理相同）。

一杯咖啡往往含有几十毫克到100毫克的咖啡因，这一含量是不会引起问题的。但是一旦摄入过量，咖啡因敏感人群就会出现失眠、头痛、神经过敏、心悸亢奋等症状。此外，咖啡因对孕妇和儿童也不太健康。日本没有对咖啡因摄取上限量的规定，但是加拿大卫生部就建议健康成年人每天的咖啡因摄取量最多400毫克到450毫克，正值适孕年龄的女性每天不应超过300毫克。

人工添加咖啡因的饮料也有不少，而且无须在包装上注明含量。可口可乐和奥乐蜜C[2]等清凉饮料中的咖啡因含量一般为每瓶30毫克到50毫克，而近年来广为接受的罐装饮料中的咖啡因含量大约为80毫克（以上全部为推测数值）。听说现在流行将这些饮料和酒兑

2　即"オロナミンC"，是由日本大塚制药生产的维生素碳酸饮料。

在一起喝，不过也有人因此"突然心跳加速"。还有一种防止瞌睡的饮料，咖啡因含量到达了120毫克。

　　植物为何会产生此种物质，至今仍是未解之谜。但是在发现咖啡因之前，人类和咖啡之间的历史就已经持续了数百甚至上千年。适量的咖啡因能够帮助人们缓解疲劳、恢复精力，我平日写作时也是咖啡不离手。若是按照加拿大的标准，一天喝四五杯也没问题呢。

　　　　　　　　　　　　　　Chapter 03 不会收纳的女人

大米是日本人的主食，在厨房里能发挥巨大的作用。海外情况又如何呢？

我曾接收过一名从非洲坦桑尼亚来的研究生。听闻他通过了文部科学省的公费留学项目选拔，想必十分优秀，可那毕竟是遥远的非洲，别说事先面谈了，当时连邮件和互联网都没有，书信往来就是我们之间的全部交流。

我帮忙安排了宿舍，一边进行各种准备，一边等待"坦桑尼亚君"的到来（他当时已经结婚生子）。

我在机场接到了坦桑尼亚君。他身材高挑，穿西服，打领带，黝黑的肌肤和雪白的牙齿让人印象深刻，一看就是名优秀青年，一口纯正的英语彬彬有礼。为他接风之后，他的提问让我措手不及。

"请问哪里能买到玉米粉？"

"啊？玉米粉？""是的。"在包括坦桑尼亚在内的非洲东部和南部地区，玉米是当地的主粮。人们经常在玉米粉里掺上热水做成面团、面饼或粥，并以此为主食，这样的食物被称为"Ugali"。这些"Ugali"可以搭配炒菜或烤肉一起食用，还能浇上汤汁或咖喱来吃。

没错，对于他们来说，"饭"就是玉米。

这可就麻烦了。玉米确实能买到，可是坦桑尼亚君想找的玉米与我们啃着吃的烤玉米或煮玉米（甜玉米）不同，他想找的是能磨成粉的玉米（马齿型玉米）。我在附近的超市和商店找了又找，哪里都没有卖玉米粉的。最后我好不容易查到出售进口食材的店里有卖，可是价格却比一般谷物高得多。

我向坦桑尼亚君介绍了情况，请他务必想方设法适应日本的饮食。聪明又有礼貌的他立刻回答："好的，我明白了。"但是，我心里也很清楚，在一切文化习俗皆不相同的日本，他和他的家人生活起来将会多么困难。

不过仔细一想，玉米在世界范围内都算是主要谷物，地球上的粮食收成最多的就是玉米，其次是小麦。无论是在非洲那样的干燥地带，还是在亚马孙那样的热带雨林，都能见到玉米的身影。这得益于玉米特殊的光合作用能力。一般植物都是C3植物，而玉米是C4植物。C3与C4的区别在于碳原子的数量。光合作用的初期产物通常是3个碳原子组成的磷酸烯醇丙酮酸，但是玉米在此基础上还能通过由4个碳原子组成的草酰乙酸完成光合作用。因此，即使处于高温、干燥、贫瘠的土地上，C4植物也能高效地将二氧化碳转换为营养，维持生命。

我们总能在柏油路面的裂缝里或道路一旁的细微缝隙中发现杂草，那些杂草大多都属于C4植物。

后来，坦桑尼亚君用面粉做出了类似"Ugali"的

东西，他的儿子也能大口吃米饭了。小男孩长得就像
"杰克逊五兄弟"乐队时期的迈克尔·杰克逊，无论去
哪里都会得到"好可爱"的赞美，享受着众星捧月般
的偶像待遇。

秋天，叶子掉光的树木看起来大同小异，有什么方法能够轻松区分它们呢？

　　我经常散步的道路位于国分寺崖线[3]的高地上，一路都是高大的树木。这些树木粗壮挺拔，枝叶繁茂，树干上挂着"保存树木"的牌子。区政府绿化政策课[4]的主页上是这样写的：能够成为保存树木，必须达到"树干距离地面1.5米处的周长超过1.2米，树形优美"的条件，政府将"在相关责任人的协助下划定重要树木和具有象征意义的树木，对其保护工作进行必要的支援"。原来是这样。

　　诸位能仅看树干就说出树的名字吗？我是没问题的。特别是有些种类的树木，我可是自信满满，比如樟树、朴树和麻栎。这可是有原因的，因为我曾经是个"昆虫少年"，只要是与虫子关系密切的树木，我立刻就能分辨出来。青凤蝶的幼虫喜欢吃樟树叶，大紫蛱蝶的幼虫喜欢吃朴树叶。我虽然没在东京都中心的朴树上见过大紫蛱蝶，却有不少机会能见到美丽的

3　国分寺崖线是指日本东京都西部的一段长约三十公里的连续山崖地形，起于立川市，经国分寺市和世田谷区，止于大田区，呈西北—东南走向。
4　"课"是日本的一种行政单位，现亦称"科"。

黑脉蛱蝶。"蝶如其名"[5]，这种蝴蝶带有黑白斑纹的翅膀下部排列着醒目的红色圆斑，飞起来轻盈优雅。

这种蝴蝶原本只生活在奄美群岛，近年来却不可思议地频繁出现在东京都和神奈川县一带。这并非气候变暖导致的栖息地逐渐北移，而是一种突如其来的现象，极有可能是随意捕捉、放生的结果。东京近郊有许多朴树，以朴树叶为食的黑脉蛱蝶就这样定居下来。

我最喜欢的是麻栎，因为麻栎能分泌出甘甜的汁液，吸引大量独角仙和锹形虫。我常走的散步道上也有一棵巨大的麻栎，枝叶茂密，人仰望时甚至会感到头顶一片昏暗。如今我实在没有采集昆虫的精力了，可是每次看到干巴巴的树皮，莫名的雀跃便会涌上心头。

前些日子去京都时，我顺路去参观了京都国立博物馆举办的"细川家的至宝"展览。"细川家"指的是前首相细川护熙的家，展览中达到重要文物乃至国宝级别的美术工艺品琳琅满目，让人目瞪口呆。其中最打动我的是菱田春草的屏风画《落叶》[6]，溢满画面的静谧中，稀稀疏疏地立着几棵树木。目光行至画面深处，空气越发稀薄，树木的身姿也越发朦胧。落叶

5　黑脉蛱蝶在日语中写作"アカボシゴマダラ"，其中"アカボシ"有"红星、金星"的意思。

6　又称《落叶屏风》。

四散，画家却没有画出地面，只有几只嬉戏的小鸟为画作带来了细微的动态。

画面右前方有一棵笔直挺拔的树，我只看树皮就能毫不犹豫地判断出它是麻栎。画家用惊人的细腻笔触绘出了布满细纹的树皮。我一时间看得入了迷，回过神来，才发现自己竟然产生了独自站在寂静林中的错觉。仔细观察便会发现，画中其他树木的纹理也各不相同。菱田春草属于英年早逝的天才，面对大自然中的细节，他始终报以澄澈温柔的博物学目光，这在他的名作《黑猫》（同为细川家收藏）中也有所体现。喜爱春草作品的细川家或许也有这种相似的心性。

落叶的季节已经到来。

总能看到冬季登山遇难的新闻，夏季登山也会被"冻死"吗？

山难中最可怕的，是由风雨引起的低体温症。这种现象不仅出现在暴风雪肆虐的冬季，也可能出现在夏季。2009年7月，北海道大雪山系的富良牛山发生惨烈山难，造成包括向导在内的9名登山者死亡。恶劣的天气导致登山者的衣服被降雨和涨水后的沼泽完全浸湿，继而在强风中逐渐失温。

人体负责生产热量的是肝脏和背部的脂肪组织，血液将这些热量运送到全身。但是，如果体表热量的消散持续大于产出，体温就会失去"收支平衡"，陷入低体温症。体温（此处指身体内部的温度，称为"深部温度"，通过直肠测量）一旦降到35摄氏度以下，全身就会颤抖，这是身体为了产生热量而出现的下意识的反应。

但是，如果热量持续丧失，体温进一步下降，人就会意识模糊，无法继续抵抗寒冷。新田次郎的小说《八甲田山，死之彷徨》中的人物就曾经在暴风雪中一边拍打疲惫不堪的同事的脸颊，一边拼命鼓励对方："要是在这里睡着了可就完了！"人一旦无法保持清醒，身体产生的热量便会减少，继而陷入危险状态。

当体温降到30摄氏度以下时，人会意识错乱，产生幻觉，心跳也将不断减弱。此时如果不采取急救措施，就将面临致命的危险。

导致冻死的直接原因其实是低体温带来的心脏功能低下。心脏的肌肉（心肌）通过一刻不停地收缩促使血液进行全身循环，决定收缩节奏的是细胞内钙离子的浓度变化。心肌的细胞膜上存在大量被称为"钙离子通道"的小孔，它们通过有规律地开合，制造出钙离子的浓度起伏。

细胞膜是由轻薄的脂质双分子层构成的。脂质即油脂，性质与温度密切相关，如果油脂中的饱和脂肪酸较多，低温时就容易凝固，反之则不易凝固。所谓饱和与不饱和，是指油脂的分子结构。饱和脂肪酸的堆积较为规则，因此容易整合、凝固。不饱和脂肪酸结构曲折，不易整合。

黄油放入冰箱即会凝固，橄榄油却会保持液态，这就是饱和脂肪酸与不饱和脂肪酸的含量差别。恒温动物的细胞膜一般都会调整为在37摄氏度的环境下易于保持流动性的状态，可是体温一旦突然降低，细胞膜的脂质便会凝固，出现异常。受此影响最大的是钙离子通道，它们在凝固的脂质中无法正常开合，致使钙离子的进出停滞，引发心力衰竭，最终导致冻死。

那么，体温并不恒定的生物是怎样忍受低温的呢？方法在于调整细胞膜的脂肪酸构成。例如，当大肠杆菌从常温状态变为低温时，饱和脂肪酸会在瞬间变为不饱和脂肪酸，这样就能够保持细胞膜的健全。根据外部环境改变体温的变温动物在低温或冬眠时也会对细胞膜进行调整。人类在享受恒久不变的温暖体温时，不知不觉就丧失了快速调节细胞膜动态平衡的敏捷性与灵活性。

最近很少见到"人工色素"的
字样了，果然还是天然的
最好啊。

市面上出售的便当啊，加工食品啊，随便什么都
可以，请诸位仔细阅读一下贴在包装上的成分表。怎
么样，是不是会惊讶于有那么多一时半会儿看不懂的
名词？这次就让我们来聊一聊这些词语里面的"胭
脂红"。

墨西哥和秘鲁拥有广袤的胭脂红"牧场"，只不
过那些牧场上没有牛羊，只有一片片形似扁平团扇的
仙人掌，乏味至极。穿工装的男人从一株仙人掌旁走
到另一株仙人掌旁。快看，他正在用类似刷子的东西
摩擦仙人掌，似乎要刮掉什么东西收集起来。让我们
走近看看吧：啊，仙人掌表面竟然密密麻麻地附着大
量白色小颗粒，看着实在有点恶心。它们呈带条纹
的纺锤状，既像是贝壳意面，又像是潮虫。不过它们
的尺寸只有几毫米，而且大小不一，看起来像一种生
物，却又一动不动。这到底是什么呢？

其实，这是一种名为蚧壳虫的昆虫。它们趴在植
物的茎叶上，将细针般的口器插入植物的茎，吸食汁
液作为营养。它们会从背部分泌出一种蜡，形成贝
壳一样的铠甲。平时它们几乎一动不动，在原地产下
虫卵，繁殖后代。幼虫出生后能进行小范围移动，一

旦在植物表面找到空地，便停下来吸食汁液，不再动弹。

对于那些被榨取营养的植物来说，蚧壳虫实在是个大麻烦。这类昆虫遍布全世界，是人类眼中会造成农业灾害的敌人。日本也有蚧壳虫，它们常常给柑橘、柿子、苹果和茶树带来危害。大多数蚧壳虫都是明治时代从海外侵入日本的外来物种，那时，江户时代的锁国政策刚刚结束，贸易开启，它们便附着在进口产品上进入日本。如同贝壳一样的背部让农药难以渗入它们的身体，驱逐起来非常困难，人们为此研究出了使用它们的天敌瓢虫和蜂类进行防治驱除的方法。

蚧壳虫如此让人头疼，其中却有个例，那就是人类主动繁殖、饲养的胭脂虫。人们收集白色的胭脂虫进行干燥处理，然后泡入酒精，便能提取出美得不可思议的深红色素。这是胭脂虫合成的名为"胭脂红酸"的化学物质。昆虫为何会制造这种物质，至今仍是不解之谜，但是对于人类来说，这是十分宝贵的天然资源。

可以毫不夸张地说，如今我们身边的红色几乎都来自胭脂虫。作为"天然"色素，胭脂红被广泛应用在鳕鱼子、香肠、鱼糕和饮料等食物和饮品的染色上，它还是口红和指甲油的原料。不易褪色的胭脂红也属于给纤维染色的重要染料。当然，由于人们尚未发现它对健康有所危害，因此它也会出现在食品添加剂中。不过一想到食品添加剂的原料是虫子，人们心里多少都会有些别扭吧。

胭脂红的使用历史悠久，阿兹特克文明和印加帝国早早就用它来染色。小小的胭脂虫里竟然隐藏着如此鲜艳的秘密，能够发现这点的人真是了不起，实乃科学家们的榜样。

土用丑日[7]在便利店买的 鰻鱼饭出乎意料地好吃， 就不能长期销售吗？

鰻鱼很好吃吧，我也很喜欢。

话说回来，诸位知道所谓人工养殖的鰻鱼大都不是养殖的吗？不，不，我可不是在说什么"鰻鱼不是西式而是日式"之类的玩笑话[8]。我们吃的来自滨名湖和九州等地的养殖鰻鱼原本都是天然的，称为鰻鱼苗，长约5厘米，是鰻鱼的幼鱼，通体透明，身形如线，扭来扭去的泳姿与成年鰻鱼相同。我曾在夜晚见到有人拿着钓鱼用的长柄抄网，打着灯，在河口处的水面上一个劲儿地寻找什么。到底在捞什么呢？原来是在捞鰻鱼苗。捕捞作业总在夜晚进行，细细的鰻鱼苗循光而来，舀起来十分方便。珍贵的鰻鱼苗可以卖出高价，因为这是养殖的起点。

在过去的很长时间里，鰻鱼都是一种充满谜团的生物。在河流中长大的鰻鱼到了产卵期便游入大海，曾经，无人知晓它们究竟会奔向哪里，又是怎么返回故乡那条河的，人们甚至完全不了解它们从鱼卵孵化到变为

7　"土用"是日本独有的"杂节"（用来补充二十四节气），指立春、立夏、立秋和立冬前的18天。"丑"即十二支中排在第2位的丑。在每年立秋前"土用"期间的丑日，日本人有吃鰻鱼的习俗。

8　"养殖"与"西式"在日语中的发音相同。

鳗鱼苗的过程。一次，人们在海中发现了一种细长且扁平的生物，骸骨般的小头上长着一张满是尖牙的嘴和与之毫不匹配的黑色大眼睛，身形宛如柳叶。人们给这种身份不明的生物取名叫"leptocephalus"[9]（意为树叶状的小鱼），结果养着养着却发现它越来越细，竟然变成了鳗鱼苗。也就是说，leptocephalus 是鳗鱼苗的前一个阶段，鳗鱼苗正是以这样的形态乘风破浪来到日本近海的。于是人们开始寻找 leptocephalus 的出生地点。对此做出巨大贡献的是一个耗时大约 40 年进行调查的日本研究团队。他们最初推测这一地点应该位于冲绳南方的海域，但是溯黑潮[10]而上，却发现了更小的幼鱼。后来他们进一步南下，扩大调查范围，拖着一种名为"浮游生物网"的细孔大网进行采集。幼鱼体内有一种叫"耳石"的东西，将其切开放在显微镜下，便能看到宛如树木年轮的圆圈。不过这不是年轮，而是日轮。耳石每天增加一层，因此可以据其数量，结合海流速度，推断出它们的出生日期和地点。2009 年 5 月，研究团队终于在马里亚纳群岛西侧的海底山脉发现了鳗鱼的卵，随即又在同一区域找到了为受精产卵远道而来的成年鳗鱼。至此，长久的谜团终于解开。

后来，东京大学综合研究博物馆举办展览（"鳗鱼

9　即柳叶鳗。

10　黑潮（Kuroshio），也称日本暖流，为全球第二大洋流。

博览会"），展示了调查工作的全貌与鳗鱼的相关知识，上述内容就是我通过展览学到的。展览中还有活体的鳗鱼卵、leptocephalus和鳗鱼苗，让人看得津津有味。

旅行路线虽然已经大白于天下，但是鳗鱼为什么要进行这么远的迁移，又是怎么认准路线的，至今仍没有答案。人们不断推进研究，试图做到完整的人工养殖，但是在从鱼卵到leptocephalus这个阶段的繁育中，饵料问题仍未得到解决。

土用丑日其实并不是食用鳗鱼的最佳时节。为了过冬，鳗鱼会在秋天到初冬期间积蓄脂肪，那时的鳗鱼才最为肥美。让我们先点一份不刷酱汁的烤鳗鱼，喝点小酒吧。

天才数学家的兴趣

秋天将至，凉意袭来，我突然想到了俄罗斯数学家格里戈里·佩雷尔曼，正是他解决了几何学中至难的庞加莱猜想。

庞加莱猜想是指"任何一个单连通的、封闭的三维流形一定同胚于一个三维的球面"。对此我也无法做出进一步的说明，不过佩雷尔曼本身就是一个谜团重重的人物。所谓天才数学家，就是几乎没有人明白他到底成就了什么，却都对他的趣闻逸事津津乐道，佩雷尔曼正是其中的代表。首先，他拒绝领取象征巨大荣誉的菲尔茨奖。菲尔茨奖被称为"数学界的诺贝尔奖"，每四年评选一次，授予四十岁以下做出杰出成绩的年轻数学家。这一限制比诺贝尔奖严格得多，历史上拒领菲尔茨奖的只有他一人。后来，他又被授予千禧年数学大奖（美国克雷数学研究所为解决数学难题创立的奖项），奖金高达一百万美元，却依然遭到他的拒绝。

俄罗斯民众对此也感到十分意外，佩雷尔曼因此成为人们热衷调侃的对象。"像佩雷尔曼看一百万美元一样的眼神"，就是用来形容一个人对某件事表现出来的厌恶态度。

佩雷尔曼并非没有经济困难。他和依靠养老金生活的母亲一起住在圣彼得堡的公寓里，过着隐居遁世的日子，拒绝与外部接触。我很想了解佩雷尔曼，于是阅读了玛莎·葛森的《完美的证明》。葛森是犹太裔的俄罗斯人，曾经志在数学研究，《完美的证明》一书生动地描写了与她境遇相同的佩雷尔曼的生活。过去，为了进入大学深造并获得研究职位，犹太裔俄罗斯人只有向周围人展示自身卓越的才能这一条路可走，而最好的方法就是拼命学习，在数学奥林匹克竞赛中获得金牌。如今，在以数学奥林匹克为代表的科学类奥林匹克竞赛中，也有不少日本的少男少女挑战自我，获得优异成绩，但是在曾经的苏联和一些东欧国家，这是一种发现并培养天才的固定系统。佩雷尔曼正是在这一系统中完成了目标。儿时的他被亲切地称为格里沙，是个胖乎乎的，活泼又可爱的男孩。

后来，佩雷尔曼得到了去美国留学的机会，他和西方国家的数学家们交流，获得了解决难题的契机。此时的他还保有若干社交需求。但是自从回到故乡圣彼得堡后，他就关上了自己的大门。有人猜测这是因为他已经厌倦了数学界内部的钩心斗角。他原本就只在网络上发表论文，解决了庞加莱猜想后，人们便失去了他的消息。

至于我为什么到了秋天便想到佩雷尔曼，理由在于他唯一的爱好是采蘑菇。有个笑话叫"在草原寻找佩雷尔曼"，用来形容毫无希望的事。人们无论如何也不可能在草原上找到他，因为他去森林采蘑菇了。时光流逝，不知道如今的他还会不会在秋天悄悄地走出家门。

Chapter 04
蜻蜓相亲

我抓到了一只蜻蜓，
仔细一看，它翅膀上的
花纹可真奇特啊。

　　和建筑家伊东丰雄先生聊天时，我曾听他讲过这
样的故事：他在信州的湖边长大，小时候曾经专心致
志地观察过水虿从水中爬上岸后羽化为蜻蜓的全过
程。蜻蜓的翅膀轻薄透亮，纤细的纹路纵横交错，样
式之美令人着迷。对于伊东先生来说，这恐怕就是他
的 sense of wonder（惊奇感）吧。

　　面对伊东先生设计的建筑，总能感受到充满生命
力的设计感。银座的御木本大楼、表参道的旧托德斯
大楼和仙台的媒体中心，无一不是在一定的规律中创
造个性。这种设计的秘诀究竟在哪里呢？

　　让我们以蜂巢为例。蜂巢由规整的六边形模块建
构而成。六边形结构稳定，做法简单。若想建构连续
的六边形，只要让外壁从一个点向三个方向延伸即可；
而建构连续的四边形则不同，必须向四个方向延伸。

　　蜂巢的设计虽然看上去有一定的工学原理，其实
并非如此。仔细观察便会发现，蜂巢的每个六边形都
有点歪，而且越是靠近端部，六边形就越小越扁。不
过，这正是生命的设计。因为生命不是源于俯瞰的角
度被设计出来的，而是从一个点生长出来的。多细胞
生物也是如此。我们的身体看起来是由心脏、肺、眼

球、骨骼和肌肉等功能各不相同的多个部分组成的，但这只不过是完成后的效果。独一无二的受精卵在细胞不断分裂的过程中构筑起相辅相成的结构，这才是我们身体的由来，也就是所谓"从一个点生长出来"。其中各个部分关系紧密，从来不存在任何分解的可能。

当然，伊东先生的建筑来自设计而非自动生成，但是在他思想的某个角落，似乎一直想要设计建造一栋仿佛自动生长出来的建筑，就像蜻蜓熠熠生辉的翅膀一样。

我曾在秋末见过连在一起飞行的蜻蜓，那自然是因为它们正在交尾，证据就在于两个躯体共同组成了心形。如何区分雄性和雌性呢？蜻蜓的交尾方式十分复杂，前方的雄性将躯体弓成"つ"形，尾巴前端抓住雌性的头部。雌性将躯体弯成"し"形，尾巴前端贴住雄性的胸口。"つ"和"し"相连即是心形，简直如同杂技表演一般惊险。

无论是雄蜻蜓还是雌蜻蜓，生殖器官都在尾巴前端。但是雄性交尾时必须用尾巴前端抓住雌性，因此在交尾开始前，它会先把尾巴插入自己胸口的袋子，将精子储存在袋内。交尾时，雌性将尾巴前端深入袋内，获取精子，然后把受精卵产在水草上。蜻蜓在水面上翩翩起舞，受精卵在水中开始生长。季节更替，精妙的生命设计由此启程。

田 N

最有可能是邪马台国[1]
所在之处的地方，
那里山珍海味数不胜数。
古代人真是美食家啊。

您应该是指奈良县樱井市的缠向遗迹吧。这真是个激发我们这些历史爱好者想象力的有趣话题。

我也在那一带散过步，那是一片闲适平和的田园地区。我也去拜访了箸墓古坟，有人认为那就是卑弥呼的墓。小山一样的前方后圆坟[2]被郁郁葱葱的森林覆盖，四周环绕着恬静的水沟。

"箸墓"这个名字来自《日本书纪》。一天晚上，倭迹迹日百袭姬命[3]做了个梦：一位神明站在枕边对她说："我要进入你的梳妆盒，请不要感到吃惊。"第二天早上，她往梳妆盒里一看，发现里面有一条美丽的小蛇。重要的小盒子里钻进了蛇，梦的含义不言自明，倭迹迹日百袭姬命察觉到自己的罪行，于是用筷子自杀身亡，《日本书纪》也具体记载了筷子刺入的

1　《三国志·魏志·倭人传》中出现的地处日本列岛的国名，时期大概为公元3世纪，统治者为女王卑弥呼。对于邪马台国的具体位置，学界有"九州北部"和"近畿大和"（现在奈良县一带）两种说法。

2　前方后圆坟是日本古坟的一种建筑模式，顾名思义就是由呈方形的前方部分（前方部）以及呈圆形的后圆部分（后圆部）组成。

3　倭迹迹日百袭姬命，是第7代天皇孝灵之女。

位置。这就是"箸墓"一名的由来。在我看来，墓主人的女性身份包含着深刻的含义。

按照如今的普遍观点，古坟时代初期大概是指公元3世纪中期，恰好与卑弥呼的死亡时间（公元248年前后）重叠。如果箸墓能够得到充分的调查研究，从石棺中挖出《魏志·倭人传》中出现的"亲魏倭王金印"，那么关于邪马台国的争论就能尘埃落定了。据《倭人传》中记载，魏国将大量"真朱"赐给了卑弥呼。真朱是一种红色的水银化合物，在当时极其贵重。卑弥呼的遗骸或许就安放在真朱之中。

不过，我的这种梦想是不太可能实现的。宫内厅[4]已将箸墓指定为皇室相关陵墓，严禁发掘。

但是，人们在箸墓附近的缠向遗址中接连发现了许多有趣的物品，这次的宴会遗迹也是如此。

根据报道，遗迹中发现了多种生物的骨骼，有真鲷、红笛鲷、竹荚鱼、青花鱼和鲤鱼等鱼类，有鹿和野猪等哺乳动物，还有鸭子和青蛙。而在可食用的植物方面，桃子、稻子、麻、瓜、楮和葫芦相继出土，其中有2000多颗桃种。此外，还有用来制作果酒的接骨木和猕猴桃。

如此多样的食材集中出土，当初应该是用来当作贡品的。这一切是否出自卑弥呼的命令？卑弥呼很喜

4　宫内厅是负责处理日本皇室事务的机关。

欢水灵灵的桃子吧。

我格外关注其中的麻的种子。作为大麻成分的"提供者"，麻在今天这个时代就是不折不扣的恶人，但是日本自古以来就以麻作为纤维和油的原料（著名的麻布高中的校徽就是麻的叶片）。顺便一提，从麻中提取的纤维和油中几乎不含大麻成分，而且麻籽油在近年来也得到正名，重新被推举为健康食品。

我们都相信红花籽油中富含的亚油酸对身体有益，可是任何事情都有过犹不及的一面。如果摄入过量的亚油酸，患血栓和大肠癌的风险就会增加，过量的亚油酸还会诱发炎症或过敏症状。能够与此抗衡的正是麻籽油中的 α - 亚麻酸，它能调节免疫系统，还能起到预防血栓的作用。

观察从缠向遗迹出土的山珍海味就会发现，当时的人们享受着营养均衡的饮食生活，以近海的新鲜白身鱼为下酒菜，用杂粮和麻籽油巧妙地搭配野猪肉火锅或烤鸭，餐后还有水果当甜品。与卑弥呼的时代相比，现代日本人的饮食生活被千篇一律的预制食品填满，还真是贫乏可怜啊！

我正在街上走，鸽子粪
从天而降，弄脏了我的西服。
这鸟真讨厌啊。

　　诸位知道纪实作家黑岩比佐子女士的《面包与钢笔：社会主义者堺利彦与"卖文社"的斗争》吗？这是一部卓越的作品。钢笔与宝剑是开成中学的校徽，钢笔比宝剑更强大，意味着"文"的地位比"武"更优越。而将面包与钢笔并列，是人们在思想受到禁锢的时代，一边想尽一切办法糊口，一边守护言论时提出的口号。堺如此说："面包与钢笔的交错是我们生活的象征。"他创立的卖文社属于跨媒体机构，类似现代的编辑制作公司，工作涉及出版、设计、演讲稿代写和翻译等诸多方面。

　　黑岩女士以大量史料为基础，在这部大作中生动再现了卖文社成员们的故事。然而遗憾的是，此书出版后不久，黑岩女士便因胰腺癌与世长辞，年仅五十二岁。我与黑岩女士有过多次交流，她还为我的书写过温暖的书评，突如其来的讣告让我心痛不已。

　　《飞鸽传书：另一种IT》是黑岩女士的另一部代表作。"传书"一词如今已不再使用，但是通过阅读这部作品，可以了解到利用鸽子独特能力的人类，还有人类与生物的交流史。这种"发掘"正是黑岩女士的实力所在。鸽子具备"归巢本能"，即使在一千千米外，也能准确地返回自己的巢穴。它们的视力和嗅觉极其出色，除了能够识别太阳的动向，还能利用地球磁场为长距离飞行导航。充沛的肌肉力量和体力也是鸽子的优势，突出的"鸽胸"不是为了美观，而是为了展翅高飞而准备的胸肌。

鸽子在地上走动时，脖子总是前后伸缩个不停。有人可能会想：它那么动，能看清路吗？其实那样的伸缩正是为了看清前方。走路时，鸽子会将头部保持在一定的位置，尽可能避免视线失焦。在身体完成向前移动后，头部便会快速伸出，确保视线可以重新聚焦。

鸽子头脑聪慧，即使巢穴发生位移，也能识别出来，因此人们才会利用鸽子传递信息，其历史可以追溯到苏美尔文明和古埃及文明时期。鸽子不仅能传递书信，还能传递药物和胶片，曾经活跃在医疗和新闻报道领域。同时，它们也能担任军事间谍，背着小型照相机飞过敌方上空。

如今这个年代，人们已经不再利用鸽子传递信息，但是信鸽比赛依然存在。当然，鸽子不是一上来就能完成一千千米的旅程的，而是要经过循序渐进的训练，不断增加飞行距离，最终习得传书技巧。

不过，也有鸽子在途中迷失方向，或是成为猛禽们的盘中餐，一去不复返。

鸽子的另一个特征是它们坚不可破的家族关系，

找到配偶的鸽子绝对不会移情别恋，归巢的本能也是源于这一特征。鸽子夫妇会共同养育孩子，也会给孩子"喂奶"。不过与哺乳动物的母乳不同，鸽子的食道上附有一种名为"囊"的袋子，成年鸽子吃下的食物会在那里与唾液混合，形成奶状物储存起来，再嘴对嘴地喂给雏鸟。喂奶的工作由雌鸟和雄鸟共同负责，这也成了保证鸽子繁衍生息的原因。

大洪水过后，正是鸽子为诺亚方舟衔来了象征希望的橄榄枝。

"地外生命"再次成为人们的话题。
到底有没有外星人呢?

诸位看到美国航空航天局（NASA）在2010年12月3日召开发布会的新闻了吗？听到他们要发表关于"宇宙生物学上的发现"的消息，媒体一片紧张。难道他们发现了地外生命？NASA、宇宙和生物，这三个词组合在一起，能够得出的结论似乎只有外星人。

但是，揭开谜底一看，发现地点并非宇宙空间，而是位于美国加利福尼亚州的盐湖"莫诺湖"。研究者们（团队主导人物为费丽莎·乌尔夫-西蒙博士）发现的不是外星人，而是一种微小的细菌。菌株名为"GFAJ-1"，能用砷元素代替磷元素进行生命活动。这一发现为什么是"宇宙生物学上的发现"呢？

大家还记得"水兵爱人我的船，七曲小舟事务员"[5]的咒语吗？那是我们在化学课上学习的元素记忆法。将元素从小到大排列，性质相近的元素按一定周期重复出现——这样的元素周期表总会出现在理科教室的墙上。磷元素（P）旁边是硫元素（S），下方是砷元素（As）和硒元素（Se）。在元素周期表中，处于同一列的元素性质相似。也就是说，磷元素与砷元素相似，硫元素与硒元素相似。

---

5 日本人记忆元素周期表的口诀。

此前，人们已经发现细胞中本由硫元素构成的部分出现了硒元素的例子。西蒙博士和她的团队认为既然如此，那么砷元素也可能取代磷元素。

于是，他们开始在各种极端环境中寻找这样的例子，因为极端环境中必然会有已经适应该环境的生命。莫诺湖盐分浓度高，碱性强，存在大量砷元素，普通生物无法生存。但是这样的地方仍然有生命存在，也就是西蒙博士的团队最终发现的特殊微生物。在普通的生物身上，磷元素出现在DNA、蛋白质和ATP（储存能量的物质）中，但是在这一特殊微生物体内，部分磷元素被砷元素所代替。这是人类首次发现以砷元素代替磷元素的生物。

研究那些能在深海和火山等特殊环境中生存的生命体的结构，使其造福于人类，促进人类进步，这样的学问被称为"极端生物学"。西蒙博士长期以来探索的并不是地外生命，而是地球上的极端生物。

但是，所有媒体报道都在齐声高唱："为探索外星文明打开了崭新的大门。"这只不过是拜倒在NASA高明的宣传手段下而已。

准确地说，这一发现为理解地球生命强大而多样的适应能力打开了崭新的大门。即使地球之外存在生命体，也绝不是像电影或E.T.那样。它们的生命原理应该不是用砷元素代替磷元素之类的地球生物的延伸，而是具有本质上的结构性差异。也就是说，哪怕与它们相遇，我们也不一定能当场识别出它们的存在。

新年里吃的年糕发霉了，
不过把那些变色的地方挖掉后
也还能吃吧？

浴室的瓷砖缝里渐渐发黑，自然是霉菌的杰作，可是霉菌为什么能在那种阴暗且看起来缺乏营养的地方生存呢？这就是霉菌生命力的秘密。霉菌不是植物，而是细菌，所以环境阴暗对它们来说没有影响。而且它们具备能够分解万物的能力，无论是香皂、洗发水的飞沫还是皮屑，它们都能轻松分解。

人类将食物摄入消化道后进行分解，霉菌则不同，食物不会直接进入它们的细胞内。它们的细胞外会分泌出一种酶，食物经过酶的分解，再以营养素的形式被吸收。这种酶的生产能力令人吃惊，就连人类制造的塑料制品分解起来都不在话下，是不是很厉害？

于是，人类也在许多地方都利用了霉菌的力量，最常见的例子就是酿酒。将米、麦或薯芋类的淀粉分解变为葡萄糖，就需要借助酒曲的力量。酒曲是曲霉的一种，能够制造分泌出大量可以分解淀粉的淀粉酶。由此方法制造出的葡萄糖继续借助酵母菌的力量变成酒精，最后生产出清酒、烧酒和啤酒。奶酪等发酵食品也与霉菌密切相关，卡门贝尔奶酪使用白霉菌，蓝纹奶酪使用青霉菌。食品中的淀粉分解为糖，蛋白质分解为氨基酸，核酸分解为核苷酸，都需要霉菌中酶的力量，而甜味、鲜味、风味和香味也由此而来。

这类用于制作发酵食品的霉菌是所谓的"优等生"霉菌。它们在漫长的饮食文化史中被人类选中，具备极高的生产酶的能力。与此同时，这些不会产生有害毒素的安全品种还会被认定为是种菌，得到人们的细心呵护与管理。

最让人们头疼的就是那些并非"优等生"的一般霉菌，为了防止它们混入食物，人们必须小心谨慎。对于我们这些生物学者来说，霉菌也是大敌。当我们在培养皿中培养人类细胞进行实验时，通常会在无菌的安全柜中进行，可是一旦手部清洁不彻底，或是器具前端不小心碰到了培养基，就可能发生污染。在这种情况下，最常见的就是霉菌的混入。霉菌生命力强劲，一旦混入便无法去除，进而导致培养皿里全是霉菌，实验不得不从头再来。

霉菌会制造孢子，这也是霉菌麻烦的地方。孢子耐干、耐热，会在空气中飘浮扩散。诸位的手上和头发中也附着着大量霉菌，因此如果在野外用石杵和石臼打年糕，是不可能不混入霉菌的。而且混入的霉菌种类繁多，包括酒曲和青霉菌等"优等生"，所以最好不要食用发霉的年糕。况且霉菌的黑色、蓝色和红色都是孢子的颜色，菌丝本身是透明不可见的。就算将它们削掉，也无法保证它们没有侵入年糕内部。

霉菌还会寄生在植物和动物身上，一种曾经大面积生长的香蕉就是因霉菌而灭绝的。我们或许可以认为，霉菌才是地球上最成功、最强大的生物。

贡献最大的生物
是什么？

诸位知道线虫吗？虽然名字里带有"虫"字，但它却不是昆虫。线虫体长大约1毫米，细长透明。它们扭动着身体前进，却不像蚯蚓那样身体有分节。在分类学上，线虫与属于寄生虫的蛲虫相近，但是前者大多在地下自给自足，靠土壤中的微生物为生。

线虫为生物学做出了巨大贡献。如今，人们普遍认为最初的生命体出现在大约38亿年前，是一种单细胞生物。在之后漫长的28亿年间，生物始终没有停下缓慢进化的脚步，却一直保持着单细胞的状态。

但是，就在大约十亿年前，生命的进化出现了巨大的飞跃。我们人类今天之所以存在，也是这一飞跃的结果。

这就是生命的多细胞化。在此之前，单细胞生物一旦分裂，就会分成两个独立的个体各奔东西：好啦，就此别过！

然而从这一时期起，细胞开始选择在分裂后仍然紧密相连，而且以2、4、6、8、16、32……的规律不断增殖。不过在这样的状态下，出现的仅仅是单细胞生物的群体。

多细胞生物的关键，就在于这一阶段的细胞"分化"，也就是细胞的分工与专业化。外侧细胞负责防御与吸收营养，内侧细胞负责代谢和生产能量。

如今，正是由于分化的存在，我们的身体才会出现由皮肤细胞、消化道细胞、肌细胞和内脏细胞各司其职的情况。这些细胞都是由一个细胞分裂形成的，因此具备相同的基因组。它们之所以能从事不同的工作，是因为基因开关的状态不同。分工合作，顺利无阻，这意味着细胞之间正处于协调一致的状态。

这一情况为何能变成现实？解开谜题的关键就在于线虫。我们人类是由大约60万亿个细胞组成的多细胞生物，细胞数量过多，也过于复杂。昔日的细胞分化研究曾经使用海胆和蝾螈的卵，但是其复杂程度并未降低。

有没有细胞数量更少一些的多细胞生物呢？20世纪60年代末，长期关注生物学未来发展的西德尼·布伦纳开始为上述研究收集材料，最终找到的就是线虫。线虫饲养起来十分简单，它们具备口器、消化道和肛门，也有肌细胞和神经细胞。它们循着气味寻找食物，碰到小棍便会逃往相反的方向。线虫共有959个细胞，每个细胞只会分裂大约10次，便能完成分化。

多细胞生物最重要的特性就是能在分化结束后形成专门的生殖细胞，也就是精子和卵子。线虫即是如此。

布伦纳和同伴们细心观察线虫，制作了线虫的细胞在相连中完成分化的精确谱系图。

我曾与布伦纳面对面交谈，发现他就是一位性格随和的矮个子大叔。如今，他的工作被视为生物学史上最重要的成就之一。

现在正是昼夜温差极大的季节，
为什么一冷就想跑厕所呢？

有一部经典的老电影《大河恋》，讲述了美国蒙大拿州的一对兄弟在钓鱼中成长的故事，导演是罗伯特·雷德福。布拉德·皮特在影片中扮演放荡不羁、擅长钓鱼的弟弟，因这部电影一举成名。

我也曾经到访过电影的拍摄地。

清澈的河水在险峻的落基山脉脚下潺潺流过，峭壁高耸入云，直刺蓝天，美丽的风景让我屏息凝神。研究牛海绵状脑病等病原体的洛基山实验室就坐落在这样的溪谷中，也是我此次访问的目的地。

我之所以想起那时的情形，是因为电影的原名"A River Runs Through It"实在太妙。日本引进这部电影时也没有将原名译成怪异且甜腻的日语，而是选择直接音译，这确实是个好办法。河流从它（it）之中流过，"it"大概是指电影主人公的人生或记忆。但是站在生物学者的角度，我总觉得河流贯穿流淌的应该是我们的身体。

从腰部两侧的骨头向上摸15厘米左右，然后向后背移动，就能来到一对肾脏所在的位置。平时我们几乎意识不到它们的存在，不过还是请诸位轻轻摸摸看。河流从这里通过，河流就是我们的血液。

血液进入肾脏，穿过肾脏，然后继续在身体里巡游。全身的血液一天之内会循环30到40次。肾脏可以过滤血液，也就是过滤掉血液中的垃圾和废物，只不过方法和厨房净水器的原理存在本质上的不同。

如果用过滤器或活性炭等装置过滤水，时间一长必然会发生堵塞，因此必须定期更换滤材。但肾脏属于无需维修的过滤装置，这正是生物了不起的地方。

肾脏会先让血液中一切需要和不需要的水分全部通过，然后再吸收必要的水分、营养素和离子，垃圾和废旧物质则流向"下游"，变为尿液，因此不会出现堵塞。

进入我们身体的水量和流出的水量基本相同，我们的身体需要始终确保含有一定的水分。我们的细胞的一切反应都是在水中进行的。

水的出入量由体重决定，但是每天一般都为2升到2.5升，其中包括小便、大便、呼气中的水蒸气和汗液。说到这里，我想诸位应该已经明白了，身体一旦变冷，就难以出汗，即通过汗液排出的水量减少。于是肾脏便会调整水分的吸收量，增加排尿量。

肾脏总是默默不语，埋头苦干，可是辛苦久了就会出毛病。结石是钙离子在肾脏中长时间沉淀形成的硬块，卡在尿道中会引发剧痛。据说那是男性能够体验到的程度最高的生理性疼痛，毕竟女性还可能会经历分娩。不过我自己也不太了解准确的感受，还请两种疼痛都经历过的女士指点一二。

乌龟和甲鱼有什么区别?

2011年7月,在石川县白山市桑岛地区发现的化石被认定为是世界上最古老的甲鱼祖先。读到这条报道时,我多少有些兴奋。这种新闻背后必定隐藏着只有了解的人才知道的科学逸闻,这次也不例外。

化石的发现地点是分布在北陆地区的"手取群",这是一亿三千万年前的地层。顺便介绍一句,地层的年代是由该年代特有的标准化石或地层中含有的微量放射性同位素的变化推定的。一亿三千万年前意味着是中生代白垩纪初期,气候相对温暖,日本列岛并未形成,仍与大陆相接,到处都是湖泊沼泽,恐龙在四处昂首阔步。甲鱼的祖先就栖息在这样的环境中。

报道中写的"在桑岛找到了化石",听起来就像捡到了有人丢失的物品,但事实并不是那么简单。当我们提到科学世界的发现时,不少领域的突破并非来自专业的科学家,而是依靠业余爱好者细致入微的观察能力。化石的发现便是其中之一(此外还有彗星的发现和昆虫新种类的发现)。桑岛的这次发现也多亏了来自爱知县的业余"化石猎人"大仓正敏先生。桑岛的"手取群"位于陡峭的山坡上,是道路从林间穿过后露出的一片岩崖。古老的地层往往会出现在这类被称为"化石壁"的地方,这是化石猎人们的圣地。

不过,我们这些外行就算看到那些崖壁,恐怕也区分不出哪里是化石。此外，从坚硬的岩石中取出化石也需要特殊的技巧。化石脆弱易坏。有一部科幻电影里曾经出现过这样的画面：一个人用手拂去沙子，恐龙化石便"笃笃笃"地出现在眼前。看到这一幕，我的一个喜欢化石的朋友哈哈大笑："怎么可能出现这种蠢事！"

大仓先生的眼睛没有放过任何细微的碎片。听说他最初认为那只不过是并不罕见的乌龟化石。

化石的发现其实是在1994年，即研究成果发布的十七年前。十七年间到底发生了什么呢？背后也有许多故事。在科学的世界中，探明事物的真相是要花费时间的，专业的化石研究者会接过棒来，继续推进工作。承担起这一化石研究任务的是早稻田大学的平山廉教授。

仔细观察如今的乌龟背甲，便会发现其背甲周围有一圈"边框"，内部排列着六边形图案。这些边框实际上是坚硬的骨头，六边形图案则是位于上方的鳞片。

而甲鱼的背甲看起来光溜溜的，没有鳞片，边缘部分又轻又软（软骨），乍一看更加原始。但是在实际的进化中，部分水陆两栖的乌龟由于喜欢完全在水中生活，所以最终丢弃了鳞片，进化成了线条更加简洁的甲鱼。也就是说，甲鱼才是更年轻的生物。

经过详细解析，大仓先生发现的化石虽然可以看到坚硬的边框，却没有鳞片的痕迹，所以它是从乌龟进化到甲鱼的过程中非常珍贵的中间形态,堪称重大发现。

　　于是,该化石被认定为是一个全新的物种,学名为"大仓河童鳖",结合了日本的河童与大仓先生的名字。对于我这种曾经的科学少年来说,能将自己的名字嵌入物种的学名,简直就是梦中才会发生的故事。

我在家里使用了LED灯。
虽然节能，却总有种孤零零的氛围，
是我的错觉吗?

"那束小小的光，总在我的指尖前方。"

村上春树的短篇小说《萤》，是《挪威的森林》的雏形，上面这句话正是《萤》的结尾。萤火虫象征短暂的生命，成虫只能生存大约一个星期，不过最让人感到冰冷无常的，还是它那淡淡的黄绿色光芒。萤火虫发出的光属于冷光。

这么说来，用蓝色发光二极管 (LED) 组成的灯饰近年来在各个都市普及，它的光芒纤细华丽，却也让我感受到一抹寂寥，总觉得冥界就在眼前，这恐怕也是因为LED发出的是冷光。

那么，冷光到底是什么呢? 当用来发光的能量没有变成热量，而是高效地转换为光时，产生的就是冷光。在普通的燃烧中，例如蜡烛的火焰，变为光的效率只有4%，剩余的能量几乎都会变为热量散出。灯泡转化为光的效率也只有10%，因此才会逐渐变热乃至无法触碰。但是另一方面，我们又对焚烧的火焰和灯泡感到亲切，毕竟我们已经习惯有光的地方就有温暖。正因如此，"冷光"看起来就像异世界的产物。LED的效率约为30%，所以能够省电。而萤火虫的发光效率竟然能达到90%，几乎没有损失，是"终极冷光"。截至目前，人类还无法实现如此近乎完美的能量转换效率[6]。

东京都的中心地区也有能观察萤火虫的地方。前些日子，我去了一趟位于目白的椿山庄庭园。庭园里水清泉涌，岸边有许多耳萝卜螺——一种生活在淡水中的螺。一般情况下，萤火虫的存在意味着附近水质甘甜，而萤火虫的幼虫形似蜻蜓的幼虫水虿，是栖息在水中的肉食者，会捕捉小型贝类大快朵颐。这么想来，不久后应该就能看到大量萤火虫了。

萤火虫不论雌雄都能发光。它们总是一边发光，一边寻找命中注定的邂逅。

萤火虫是怎样发出光亮的呢？生物使用作为能量源的 ATP（三磷酸腺苷）将名为荧光素的发光物质进行氧化，就会产生发光现象。氧化自然意味着"燃烧"，但是萤火虫发光并不需要点燃它的屁股，而是借助荧光素酶巧妙地进行氧化反应。这就是萤火虫发出冷光的秘密。植物的光合作用是将太阳能转变为 ATP，这同样属于一种酶反应。生命耗费数亿年才构建起如此巧妙的能量转换机制，人类目前的工学水平还远不能及。植物捕捉光的能力（电荷分离效果）接近100%，但是太阳能电池最多能达到10%。

能让萤火虫发光的荧光素被称作"luciferin"，

6　根据最新研究成果，90%这一数据稍有夸大之嫌，实际数据应该略低，但是无论如何都比LED的性能优越得多。

名称源于被流放出天堂的堕天使路西法（Lucifer）。这真是个雅致的命名方式。"Lucifer"在拉丁语中意为"带来光明的人"，衍生出来的"Lux"是照度的单位。我愿意一边在黑暗中欣赏萤火虫星星点点的微弱光亮，一边慢慢思考日本的能源问题。

消失的斯特拉大海牛

绵矢莉莎女士的著作《最终幻想女孩》中讲到了斯特拉大海牛的故事。绵矢女士竟然对这样的生物感兴趣，还真是让人欣喜。斯特拉大海牛是类似儒艮的大型海洋哺乳动物，成年个体全长7米，重约10吨，极其庞大。我经常沿着多摩川的堤岸散步，数年前，人们在多摩川流经狛江市的区段岸边发现了斯特拉大海牛祖先的化石。它们曾经就栖息在我们身边。

斯特拉大海牛体形巨大，但是性格温和，总是为同伴着想。它们常年生活在浅滩，以海藻为食，过着安稳的日子。但是如今，我们再也不可能看到它们的雄姿了。

欧洲人发现斯特拉大海牛是在大约270年前。在阿留申群岛探险的德国博物学家斯特拉遭遇海难，漂流至无人岛上，结果发现了群居在那里的巨大海牛。它们肉质鲜美，脂肪能够用作燃料，皮能制成防寒用具，探险队因此捡回一命。

听到生还的斯特拉带回来的见闻，欧洲人陆和俄国的猎人与毛皮商人们争先恐后涌向那片海域。对人类毫无戒心的海牛完全没有逃走的意识，一头接一头落入人类手中。仅仅过了不到

30年，斯特拉大海牛就灭绝了。

动物们不知道该怎样与人类相处，对人类的任性、贪婪和残忍一无所知。

如今，同样的问题也发生在被人们关注的熊的身上。一般情况下，熊是理性的和平主义者，不会主动发起攻击，而且会尽量避开人类。它们展现出的攻击行为，是它们意外与人相遇后因受到惊吓而采取的防御措施。

顺便一提，阿伊努族最后的猎人姉崎等先生曾经表示，在熊面前装死或爬树是毫无意义的，最好一边看着熊一边后退[7]。虽然在我个人看来，如果真的遇到熊，是无论如何也做不到这点的。

把熊逼到绝境的其实是人类。熊的主食是橡子等常绿阔叶林中的树木果实，而日本的近代化正是幽灵公主失去森林的过程[8]。取而代之的是针叶树，它们只能带来熊所厌恶的昏暗的森林与贫瘠的土地，城市化与道路修建则截断了熊的生活通道，缩小了它们的栖息地。如果将偶尔误入人类居住区的熊不分青红皂白地一律击杀，那么熊就不可能学会与人类如何相处，而我们人类同样也无法学会如何与动物共存。其实我们和动物

7　引自《遇到熊怎么办》。
8　指宫崎骏的电影《幽灵公主》中的情节。

原本就是共同分享有限环境资源的生物伙伴，应该保持一定的和谐关系。

然而，人类放弃了关系的构筑，于是地球失去了宝贵的斯特拉大海牛，失去了渡渡鸟，日本还失去了狼和水獭。现在，距离熊登上这个名单的日子也不太远了。

Chapter
05
猫的哀愁

男朋友本人和家里的猫都有代谢综合征，听说通过基因检查能知道自己是不是易胖体质？

恕我直言，这种方法就像占星一样，准确率甚至比占星还低。无论在哪个时代，人们总想把命运托付给他人，只不过仰望的目标从夜空转移到了微观的细胞内部而已。

基因检查是如何进行的呢？用棉签刮擦口腔内侧，便能刮掉上皮细胞。细胞中有细胞核，细胞核里收纳着折叠状态的DNA，然后用化学药物把细胞溶解，就能提取出其中的DNA。DNA呈绳子状，形状就像珍珠项链，上面的一粒粒"珍珠"被称为核苷酸，由四种相似却又不同的化学物质构成。我们这些分子生物学研究者通常用A、G、C、T来表示这四种核苷酸，DNA就如同字母的序列。诸位大概也在电视节目上见过长长的DNA序列吧，这一文字列意味着什么呢？它们记录着用于形成细胞的微小部件——蛋白质的设计图，而这设计图就是基因。

调查设计图，便能判断出其中是否存在只有男性才有的基因SRY[1]。奥运会等需要严格判断性别的场合采用的就是这一方法。此外，我们还能对决定血型的

1　雄性的性别决定基因。

基因进行研究。DNA存在于身体的所有细胞之中，残留在犯罪现场的头发和体液中也能检出DNA。同时，孩子会从父母身上继承基因，因此可以通过基因来判定血缘关系。

正因为微观的DNA信息与性别、血型、身份和血缘等宏观现象直接相关，基因检查才能发挥作用。与此同时，阿尔茨海默病等一些疾病的发生与基因异常存在极大关联，研究基因可以相对准确地预测其发病概率。

但是，过度相信DNA是不可取的，DNA并不能决定一切。例如，我们的身高、体重、健康状态和患病风险等，是由多种原因共同决定的。即使DNA相同，也会出现不同的结果，反之亦然，不同的DNA也可能生成相同的结果。阿尔茨海默病也是如此，很多患者的相关基因并未出现异常，却依然患病。DNA只不过是信息的档案，并非指令或程序。从DNA中究竟会生成出什么、怎样生成，在很大程度上取决于当事人的成长环境。

"成长环境"这个词包含了生活习惯、饮食习惯以及吸烟等嗜好。也就是说，生命现象终归是"教养重于出身"。对于能力、性格、人生选择或犯罪倾向等与社会和文化背景密不可分的现象，DNA序列是几乎不可能给出任何解释的。

因此，比起基因检查，我还是建议你的男朋友和家里的猫先从控制饮食做起。

近来正是蝉鸣梅雨的时节。
蝉在地下生活了那么多年，
出来后只能活七天，也太
悲哀了。

家门口的地上有一只四脚朝天的蝉，是翅膀透明的斑透翅蝉。我特别喜欢斑透翅蝉后背上的绿底虎纹，那种绿色尤其美丽。该怎么形容呢？用翡翠来比喻应该比较贴切。没错，总有颜色像矿物质的昆虫。我想仔细看看那抹绿色，于是伸出指尖去碰，结果蝉突然发出"嘶嘶嘶"的尖利叫声，转瞬间便飞走了，留下受到惊吓的我。

那只蝉看起来已经结束了短暂的生命，实际上却还没有死去。能够力气十足地一飞冲天，说明它之前也并非在那里安静等死，这种行为简直就像僵尸一样。因此，我每次看到掉落地面的蝉，总会小心翼翼地去摸。这大概是曾经的"昆虫少年"的习惯吧。

蝉在被触碰之后，还是一动不动的情况也不在少数。死蝉的身体轻得不可思议，面部的结构也十分奇特。眼睛又大又黑，口器凸出，周围就像画了斜线的三角形，和巴尔坦星人[2]如出一辙。

自古以来，蝉就与日本人流转的季节感和心象风

2　巴尔坦星人是日本特摄剧《奥特曼》系列作品中登场的第一个外星人，面部形象与蝉相似。

景[3]共存。不同种类的蝉在出现时间上有着微妙的差别。初夏时节，最先传来的是螗蛄"喊"的叫声，尖尖细细，松尾芭蕉吟诵的"闲寂里，声声入岩中，蝉正鸣"[4]中大概就是这种蝉。过一阵子，嗡嗡吵闹的斑透翅蝉就会登场，然后便是油蝉发出的油炸食物般的刺啦声，意味着难耐的酷暑正逐渐到来。有俳句这样贬低油蝉："人生朝露散，声声在油蝉。"[5]

8月中旬一过，当我伴随着松寒蝉的鸣叫眺望火烧云时，心头便会涌起暑假即将结束的悲伤感。这或许也是"昆虫少年"的感慨吧。

2011年7月前后，网络和其他媒体上曾经出现过一阵子小小的骚动，说听不到蝉鸣很可能是地震与核电站事故造成的。那年的确如此，在斑透翅蝉叫声四起后，油蝉的叫声并没有按时跟上。但是没过多久，油蝉就开始引吭高歌了，所以应该只是时间稍有差异。就像樱花每年开放的时间都有不同，油蝉鸣叫的早晚可能与冬季的寒冷程度相关。

蝉在聒噪了一整个夏天后（当然，那些都是雄性呼唤雌性的声音），随即就开始在树干上产卵。卵中孵化出的幼体会爬到树根旁边，钻入地下。人们很难看到这

3　心象风景，日文词汇，指非写实的，却在人的脑海中浮现出的被描述或被记忆的情景。

4　出自作品《閑さや岩にしみ入蝉の声》。

5　原文为：あの声で露が命か油蝉。收录在小泉八云的作品中。

一过程。蝉会在地下生活好多年，油蝉大约6年，北美地区甚至还有会在地下生活13年或17年的蝉。在此期间，它们感知气温的变化，用自身的生物钟计算时间，但是我们尚不了解它们是怎样测算如此漫长的时间的。

蝉总会让人联想到人生朝露，但是它们的寿命其实很长。在一生中的大半时间里，它们都一边吮吸着树木甘甜的汁液，一边在温暖的土中做着朦胧的梦，悠然自得，既无辛劳也无悔恨，在某种意义上可谓幸福至极。

这么说来，东京南青山有一家时尚的酒吧，名叫CICADA（"蝉"）。我也不太清楚这个名字的由来，但是在这夏季的尾巴上，让我们也喝一杯醇香的朗姆酒，与那一夜拂去的季节郑重告别吧。

宝贝仓鼠死了，
我感觉自己得了丧失宠物综合征。
仓鼠其实已经活到了它的老年，
可是寿命这么短，也太可怜了。

　　诸位都亲眼见过老鼠吗？也就是所谓的小家鼠。
实验室里饲养的老鼠一般是白色、褐色和黑色的，体
长七八厘米，小巧的身体搭配圆圆的眼睛，十分可
爱。用手托起它们，总会惊讶于它们的轻盈，成年鼠
也只有40克左右，比鸡蛋还轻。我们能够感受到它们
如同警钟一样激烈的心跳。小老鼠的心跳平时1分钟
大约300次，兴奋时甚至能达到700次。它们的呼吸
频率也很快，1分钟的呼吸次数为60到200次。我们
人类平时每分钟的呼吸次数为17到18次，心跳为60
到70次，因此老鼠们简直就像被什么东西追赶着一
样，呼哧呼哧，扑通扑通，无时无刻不以极限高速在
生命的道路上疾驰。
　　一般情况下，小动物的身体越小，呼吸和心跳的
频率就越高。这是因为小动物虽然看起来小，但其相
对体表面积却很大。以人类为例，体重50千克、身高
160厘米的人，体表面积约为1.5平方米，比一张榻榻
米的面积稍大（有很多可以通过身高和体重来计算体表面积
的网站）。也就是说，人体每1克体重对应的体表面积
约为0.3平方厘米。而老鼠的体重虽然只有40克，但

如果把它当成直径1厘米的球体，则它的表面积有150平方厘米，每克体重对应的体表面积是3.8平方厘米，是人类的10倍以上。

相对体表面积较大，意味着细胞产生的热量更容易流失，因此为了维持体温，就需要生产更多的热量。热量的生产方式自然就是呼吸——吸入氧气，燃烧从中摄取的营养，热量就会出现。哺乳动物生产热量的主要器官是肝脏和褐色脂肪组织，后者广泛分布在后背和肩胛骨周围，血液在那里得到加温，热量随后被运至全身。最终，热量会从体表散出。

相对于小巧的身体，老鼠的体表面积很大，为了维持热量的进出平衡，老鼠必须不间断地生产热量，保持循环。正因如此，它们才会拼命呼吸，让心脏全力跳动，从而高速进行新陈代谢。

这一机制正如上文所述，是在生命道路上高速疾驰。单位时间内呼吸次数较多，意味着大量细胞长时间被置于氧气之中。氧气是燃烧的必需品，但同时也会带来氧化压力。所谓活性氧，是指有氧呼吸过程中出现的反应性较高的氧气。细胞膜由油脂构成，最容易在活性氧的影响下氧化，蛋白质和核酸也会在氧化中受到攻击。虽然可以修复，但是随着时间的流逝，氧化会给细胞和组织造成无法避免的伤害，而这些损伤积累的过程便是老化。老鼠的平均寿命是两年，在人类看来转瞬即逝，但未必是一种不幸。怀孕的时长

（大约二十天，因此日语中也把小家鼠称为二十日鼠）也好，出生后成年的速度也好，在充实的一生中，老鼠们始终健步如飞。

多地都发现了含有强烈
放射性的镭，为什么会出现
这种情况呢？

很久以前，我也记不清具体是什么时间了，我曾
看过一部关于居里夫人的传记电影：居里夫人确信
"镭"这一新元素的存在，在缺少经费和设备的情况
下，她废寝忘食，埋头钻研，尝试从大量矿石中提取
微量的镭元素。她日复一日地研磨物料，溶解、加热、
过滤，不断推进着提取工作。一天深夜，疲惫不堪的
居里夫人关上实验室的门，熄灯准备回家。她从外面
看向本应漆黑一片的房间，无意中发现桌子上放有物
料的器皿竟然正在发光。这就是镭元素提纯的成功。

镭是放射性元素，镭226的半衰期最长，为1600
年，也就是会在1600年内持续放出辐射。辐射中带有
能量，一旦接触到空气中的氧气和氮气，便会瞬间出
现激发现象，发出青蓝色的光。所谓激发，是指让能
量处于不稳定的状态中，与闪电的光有时呈现青蓝色
的原理相同。

放射性元素镭的发现为科学界带来了巨大冲击。
镭开始作为辐射源被运用到医疗和工业生产中，还被
制作成荧光涂料，广泛用于制造在黑暗中也能辨识的
时钟表盘和测量器械。东京都世田谷区民宅地板下方
发现的装在旧瓶子里的镭，大概也是有此用途。

　　　　　　　　　　Chapter 05 猫的哀愁

不过，夜光涂料散发出的并不是镭元素本身的光，而是在接收能量后便能发光的荧光物质中混入极其微量的镭元素。正因为有了镭元素的辐射能量，荧光物质才能发光。

　　镭元素的辐射能量会伤害DNA，使人类患癌，这一点在发现镭元素的时代并未得到充分认识。居里夫人是在毫无防备的情况下徒手处理镭元素的，要知道，那可是足以发出青蓝色光芒的分量。在当时，使用夜光涂料在时钟表盘上描绘文字的工人们为了理顺笔尖，一边舔舐笔尖，一边工作。后来，许多工人都患上了骨肉瘤或白血病。

　　对了，庙会晚上摆出的小摊不是总卖发光玩具吗？那些东西真的安全吗？或许有人会想到这一点。发光玩具自不用说，如今的时钟表盘也已经不再使用镭元素了。顺便一提，那些发光玩具的构造可谓相当巧妙。薄薄的玻璃棒里封入荧光物质，外层用聚乙烯覆盖，再将过氧化氢溶液注入玻璃棒与聚乙烯之间。当我们"啪嚓啪嚓"地掰动发光玩具时，玻璃棒裂开，荧光物质与过氧化氢溶液接触后出现化学反应，产生能量，荧光物质便开始发光。也就是说，这种玩具的原理与过去的夜光涂料相同，但是能量来源不同。这种化学反应不是镭元素造成的，因此寿命短暂，没过一会儿光芒就暗淡下去了。

居里夫人曾经两次荣获诺贝尔奖，但是也被婚姻中的绯闻中伤裹挟，一生跌宕起伏。她最后因再生障碍性贫血去世，应该是常年遭受辐射的影响。

在秋季的野山上深呼吸，
重获新生。呼吸还真是件
厉害的事啊。

　　呼吸运动是从横膈膜与胸廓发力向外扩张开始
的。这一力量让肺部膨胀，吸收空气。肺的内部分
为若干个名为肺泡的细小房间，空气在其中无处不
在。在这里，空气中的氧气被毛细血管捕获。肺泡的
总数有3亿个，在产生大量肺泡的过程中，随着氧气
的吸收，肺泡的表面积也在不断增加，总共能达到大
约100平方米，堪比高级套房。氧气的吸入伴随着二
氧化碳的排出，吸入的气体（也就是普通空气）中二
氧化碳浓度约为0.035%，但呼出的气体中达到了4%，
有100倍呢。扔掉二氧化碳的血液重新充满了新鲜的
氧气，它们汇聚起来，从肺部流向心脏，进而供给至
全身。正因如此，我们的心脏才会分为左、右两个部
分，右侧将含有全身各处生命活动排放出的"尾气"，
即含有二氧化碳的血液，聚集起来送入肺部，而左侧
则将从肺部运出氧气的血液强有力地输送至大动脉。
在身体的各个细胞中，氧气是人体用来燃烧糖分获得
能量的。燃烧的本质是氧化反应，在碳元素中添加氧
元素（氧化），这一过程产生的化学能量支撑着生命活
动——或是转化为体温，用于运动和代谢。燃烧的残
渣即是二氧化碳。在细胞内部负责氧化反应的是名为

线粒体的器官。细胞只要活着，就一刻不停地需要氧气，然后一刻不停地排出二氧化碳。正因如此，我们才会一刻不停地呼吸。

肺能从空气中直接获取氧气，这是生物进化过程中最重大的发明之一。在那之前，生物只能获得少量溶解在水中的氧气。与空气相比，水中的含氧量实在太小，因此只能大量吸水，然后让水从细梳状的褶皱间通过，由此提取氧气，这种褶皱就是腮。这样的生物是无法长时间离水生存的，其代表便是鱼类。如果腮的运动不够充分，就必须像鲨鱼或金枪鱼那样不断游动，确保水流的持续涌入。

但是，从某一时刻起，部分鱼类开始使用消化道呼吸。漫长的时间过后，消化道中间变细，形成袋状的呼吸专用器官，这就是数亿年前肺的出现。如今，仍有保持古老结构的鱼类能用肺呼吸，例如生活在南美洲、非洲和澳大利亚等地的肺鱼。还有能用肠道呼吸的厉害角色，很受欢迎的泥鳅就是如此。

后来，肺部呼吸的能力接连被两栖类、爬行类和哺乳类动物继承，但是对肺部进化推动最大的其实是鸟类。为了进行长距离飞行，鸟类需要大量氧气，而且必须在空气稀薄的高空有效利用氧气。鸟类与我们人类不同，吸气和呼气时皆能吸收氧气。它们的肺部有称为气囊的袋子，吸气时，空气经由肺部储存至气囊；呼气时，气囊中的空气会再次通过肺部。这样一来，它们便可以源源不断地摄入氧气，是不是很厉害？其实有人还曾提出假说，认为恐龙同样长有气囊，所以才能在火山活动频繁的低氧时代繁衍生息。也就是说，恐龙与鸟类是非常接近的。

听说金子很值钱，
请告诉我发现金山的方法。

在考试前后，我们经常会听到关于押题的讨论，日语里把"押题"叫"看山"，"没押中"叫"山跑了"。这里的"山"据说源于"山师"，这个称呼如今指代骗子，但在过去并非如此。山师原本是指那些寻找金属矿藏以求暴富的人，日语里也用"中了一座山"来形容鸿运当头的发财者。金银等贵金属自不用说，铁和铜在古代也都是制作用具和武器的重要物资。因此，山师的存在可以追溯到中世[6]。

山师们是如何找到矿脉的呢？丰富的经验和专业的技术当然必不可少，但是他们进行自然观察的基础始终都是生物学视角。宽鳞蹄盖蕨正是其中的标志物。

宽鳞蹄盖蕨是一种蕨类植物，日本人叫它"蛇寝御座"。乱蓬蓬的叶片背后粘着孢子，并不怎么招人喜欢，正如其名，似乎只有蛇才会凑上去看看。但是在长着"蛇寝御座"的地方，其地下很可能埋着宝藏。

一般情况下，金属对于生命来说是有毒的。虽然生物代谢也需要某些微量金属（例如钴和硒），但是几乎所有重金属，如铅、水银、砷和镉等，只要摄取一

6　日本的"中世"是指镰仓幕府和室町幕府时期，大约为12世纪末到16世纪中后期。

定含量，就会影响生物正常的生理反应。它们也能与蛋白质相结合，带来坏处。水俣病就是源于工厂排放的污水中含有的水银，而痛痛病则与矿山废水中的镉有关。

植物基本上也是如此，因此在土壤含有大量重金属的地方，植物一般都无法生长。但是，有一种植物获得了特殊的能力，那就是宽鳞蹄盖蕨。一般植物从根部吸收养分，因为它们无法移动，所以就算土壤中存在重金属，也会和其他成分一同吸收，然后才想办法解毒。解毒的关键在于尽早将有害成分排出体外，但是对于没有肾脏等排泄器官的植物来说，这一步骤并不简单。于是，宽鳞蹄盖蕨发明了将重金属封存在细胞的独立液胞内的方法。

黄金往往埋藏在其他重金属的矿脉沿线，因此对于山师来说，最值得关注的是那些只长着宽鳞蹄盖蕨的岩石地。

近年来，植物的这种特殊能力受到了全新瞩目。人们称之为"生物修复"，也就是通过生物进行环境净化。

扩散至土壤中的重金属无法轻易去除，若是把表层土壤全部清除，农田就会变得贫瘠，于是人们开始尝试借助植物的力量。

根据最近的研究，一种名为小莎草的水草能够高效吸收污染水田的放射性铯（2011年11月23日《朝日新闻》)。铯也是重金属的一种。我们可以推测，小莎草具备和宽鳞蹄盖蕨同样的防御结构。与此同时，牛膝和野苋等杂草也被视为具有同样的能力。

不过正如前文所说，重金属并非消失不见，而是被隔离并储存到了植物的细胞内。在自然界中，落叶等现象会让细胞脱离植物本体。因此，为了达到彻底去除污染的目标，最终必须解决植物自身的处理难题。这也是生物修复的问题所在。

変色后迅速消散的落叶树，
隆冬里仍然青翠的常绿树，
哪一种更理想呢？

2011年，红叶的出现和落叶的开始都比往年要晚。到了十二月，各地的枫叶季才全部来临。在我工作的大学里，还有不少黄色的银杏叶挂在枝头。回首夏天，油蝉迟迟不叫也一度上了新闻。2011年是天地异变的年份，很容易产生不好的联想，但是当夏天过半时，油蝉们开始了一丝不苟的大合唱，红叶也只比往年晚出现了一两周，还算处于正常的浮动范围内。每年寒暑温差的不同多少会改变生物的生长节奏，这是常有的事。生物就是这样在敏锐察觉环境条件的前提下进行测算的。

前些日子参加广播节目录制时，有听众来信询问常绿树和落叶树有什么不同，哪一方更了不起。我虽然是研究生物学的，但毕竟是"昆虫少年"出身，其实不太了解植物的知识，因此没能好好回答当时抛来的问题。不过事后，我稍微学习了一番。

只要条件具备，植物无论何时都能进行光合作用，产生营养物质，以此为能量生存繁殖。这是植物最理想的状态，因此常绿树更好。受到阳光、水分和温度眷顾的热带雨林地区的植物大都为常绿植物。此外，身为植物起源的单细胞藻类也会不间断地进行光合作用。常绿树是植物的基本形态。然而，就算是常绿树，生命也始终处于动态平衡中，毫不停息地进行分解与合成，因此我们不可能让植物永远长着相同的叶子。每隔一段时间，旧叶就要飘落，替换为新叶。这样的现象同时发生在树木和草木的各个部位，才使得它们看起来总是绿意盈盈。植物与动物不同，内部没有血液、肾脏和排泄构造，因此植物会在细胞内部制造特别的封闭空间，积蓄有害物质和废旧物质，这类废弃物池称为"液胞"。也就是说，植物是将"内部的内部"作为"外部"来使用的。叶片既是能量制造工厂，又是垃圾储藏库。但是液胞的容量也是有限的，因此植物必须每隔一段时间就抛弃叶片。

落叶树对这一过程的利用更加张弛有度。在合适的季节里枝繁叶茂，进行光合作用，然后赶在降温霜冻之前让树叶全部掉落。正因如此，它们才能入住寒冷地带（顺带一提，那些在寒冷中仍然不落叶的树木往往具有不会冻结的厚实叶片，并以特殊的成分保护细胞）。落叶的过程阶段分明，首先回收叶片制造的养分存入枝干，然后分解无用的叶绿素，在叶柄上形成特殊隔断，为脱落做好准备。不久后，叶片脱落，但是断面已被隔断堵住。这样，它们就可以平安过冬。

失去叶绿素后，叶片自然会褪去绿色，但是为什么还要特意生成红、黄色素，原因至今不明。或许这是落叶准备过程中必要的代谢变化在人类眼中的映象而已。

庭园里的枸橘被凤尾蝶的幼虫
吃了个精光，真是让人讨厌的
食欲。

在"昆虫少年"时期，华丽的凤尾蝶曾经是我的
憧憬。第一次举办奥运会[7]时，东京近郊仍然是一片
恬静的田园风光：随处可见的树林中，有普通的凤尾
蝶，黄底蓝斑、鲜艳异常的金凤蝶和漆黑上勾勒白线
的蓝凤蝶，还有敏捷的青凤蝶，翅膀上的条纹仿佛排
列成行的青绿色玻璃瓷砖，偶尔也能看到如同披着天
鹅绒般闪闪发光的波绿翠凤蝶。我沉迷其中，无法自
拔，时而追在翩翩飞舞的蝴蝶后，时而守在常有蝴蝶
飞过的地方，一等就是好几个小时。我的绢丝捕虫网
十分柔软，是当时位于涩谷宫益坂的志贺昆虫普及社
里最便宜的那款。

不知不觉中，我便掌握了昆虫的名字、习性（蝴
蝶有固定的飞行路线和通行时间）以及获取采集用具和信息
的途径。调查、思考、准备、探访、确认，然后再次
调查。毫不夸张地说，人生的一切必要知识，我都是
从昆虫采集中学会的。

每次将捉到的蝴蝶放入容器，我都会看得入
神——那对翅膀微微抖动，美丽的花纹怎么看也看

7　指1964年东京第一次举办奥运会。

不够。

接下来，我会观察蝴蝶们的行动。蝴蝶的口器就像卷簧一样卷成一团，不过一旦将蘸有糖水的脱脂棉轻轻靠近，口器便会刺溜刺溜地松开，变成一根长长的管子，开始吸食甘甜的汁液。

我忘记是在哪里读过了，蝴蝶用来感受味觉的不是嘴部，而是前足尖端。因此，如果想给蝴蝶喝糖水，就应该用筷子夹着脱脂棉伸向它的前足。我一递过去，蝴蝶的前足立刻活动起来，马上伸出了口器。

前足的味觉器官不仅能够用来探查花蜜，还承担着更加重要的功能，即选择所食植物的种类。蝴蝶幼虫能够食用的植物种类极其有限。虽然从营养成分来看，无论哪种植物的叶片应该都没有太大的差别，不过蝴蝶却有所选择：凤尾蝶吃山椒或柑橘类植物的叶子，金凤蝶吃香芹或胡萝卜的叶子，青凤蝶吃樟树叶。因此，雌性蝴蝶必须在产卵时准确判断植物的种类。日本的研究团队近期明确了蝴蝶前足尖端的构造与此相关（2011年11月17日《朝日新闻》）。当凤尾蝶停在叶片上时，前足尖端会不停地刮擦叶片表面。柑橘类植物的叶片中包含一种名为脱氧肾上腺素的特殊化学物质，凤尾蝶的前足能够探知此种物质的有无。在这一过程中发挥作用的基因与我们舌面上的味蕾相似，所以凤尾蝶的前足感受到的不是气味，而是味道。

作为曾经的"昆虫少年"，我非常羡慕能这样研究昆虫的科学家。虽然同为生物学者，但我的研究其实已经有些接近医学了。

蝴蝶们对食物的选择有着禁欲般的限定，它们分配着有限的资源，共享地球环境。这就是生态位。这一词语的真正含义是共生。蝴蝶绝对不像艾瑞·卡尔的绘本《好饿的毛毛虫》里那样什么都吃。不知是卡尔对昆虫不太了解，还是他有意描绘得那样夸张。

只有人类渴求占有，而不是共生。

本以为灭绝的田泽湖黑鲑鱼
却在富士山麓生存了下来，
真是奇迹啊。

诸位到访过田泽湖吗？田泽湖位于秋田县仙北市，几乎呈标准的圆形，周长达20千米。静谧的湖面上，群青色的湖水一碧万顷。这样的深邃色彩是有理由的，因为这里是日本最深的湖泊，从岸边到湖底，地形仿佛绝壁一般急遽下陷，最深处可达423米。

田泽湖的美丽毋庸置疑，却也总是透着一种冰冷感。这不仅仅是因为水温，更是因为湖水的酸性几乎不适合任何生物存活。

田泽湖的水并非从一开始就是酸性的。它曾经受到丰沛的大自然的眷顾，却在人类手中"走"向了酸性。

决定水酸性强弱的是氢离子，表示氢离子浓度的指标是pH值。以前很多人都模仿德语发音来读pH，但是如今基本都是采取英语的读法了。

人类血液和体液的pH值在7左右。pH值越小，酸性就越强。pH值为6的水是能尝出酸味的，这是因为舌头上的味蕾能够感知氢离子。pH值每下降1，氢离子的浓度就会是原来的10倍。橙汁的pH值大约为4，与血液的pH值相差3，因此氢离子浓度也相差千倍。

细胞可以灵活调节内外的pH值，维持生命活动。

Chapter 05 猫的哀愁

如果细胞外的pH值过低（也就是氢离子浓度过高），不能及时调节的话，生命就无法生存。

诸位有没有把蛋黄酱长时间放在冰箱里的经验？用生蛋黄和油制成的蛋黄酱为什么长期不会变质？这是因为醋酸让蛋黄酱的pH值始终保持在3到4之间。

田泽湖北部的玉川温泉是著名的温泉疗养地。大量强酸性泉水从源头喷出，pH值为1，酸性十分了得。因此，玉川温泉的下游无法种植农作物这个情况，长久地困扰着当地的人们。70年前，人们冒险干了件大事，将这些酸性泉水导入田泽湖进行中和，意欲用大量淡水稀释泉水中的酸。然而计划不仅落空，反而将深邃的田泽湖整体酸化，常年栖息在田泽湖的黑鲑鱼也成了牺牲品。

如今，中和酸性水的处理设施仍在运转，可是田泽湖尚未恢复原状。想要掌控自然，到头来却伤害了自然，这样的事一不小心就会发生。然而，恢复自然的均衡却需要花费若干倍的时间。幸好事先转移到富士山麓西湖中的黑鲑鱼幸存了下来，但是我们必须记住的是几百种（或许更多）因田泽湖酸性化而灭绝的微生物、原生动物、植物和昆虫。它们微小无名，却都是生命。

★ 小栏目 ★

不孵蛋的鸡

生命体的变化大多源于偶然发生的基因突变。突变既没有目的，也没有方向。如果这一变异对生物的生存繁殖不利，相关个体就会被淘汰。多数基因突变都是如此，只有极少数变异能够适应环境，带来有利变化，使得个体的繁殖更加高效，进而影响种群。生物就是这样发展变化的。突然变异与自然选择，这正是达尔文进化论的内容。

然而，当人类出现，试图种植植物、养殖动物后，生命进化的方式出现了戏剧性的变化。

所有的进化几乎都源于偶然发生的基因突变，有时也源于人工诱发。关键问题在于发生之后：当那些会被自然界直接淘汰的变化出现时，如果人类进行干预，则有可能保存下来，这样的例子不在少数。

其实，周围保障我们衣食住行的几乎全部生命都是如此。例如，禽类一旦交配、产蛋，就会一直抱窝孵蛋直到孵化成功，这一习性称为"就巢性"。在抱窝孵蛋期间，禽类会调整自身激素水平，停止产蛋。然而，白来航鸡却因基因突变而失去了就巢性，产了蛋也一副毫不知情的样子。由于不受照料，运气不好的蛋可能会被其他鸡踩碎或吃掉。因此，这种突变原本是无法继续存在的。然而人类注意到了这一点，让失去就巢性的个体交配，生成了产蛋量更高的品种。最终，不再抱窝孵蛋的白来航鸡几乎每天都会产蛋，让我们人类享用到了廉价的鸡蛋。

禽类产蛋的原理十分巧妙。它们的卵巢中存在大量可以长成鸡蛋的卵胞。以油脂为主体的营养从肝脏输送至卵胞，使得卵胞不断长大，形成卵黄，进而向输卵管中排卵。如果卵子和精子在这里相遇，就会受精。我们食用的鸡蛋都是无精卵。输卵管内的卵黄会被卵白（主要为蛋白质）包裹，随后形成卵壳膜，最后经过钙质沉淀形成卵壳（蛋壳），排至体外。这一过程需要花费大约24小时，而白来航鸡现在的产蛋模式将这一能力发挥到了极限。

人类的选择和干预使得原本在自然环境中需要漫长时间才能完成的进化加速进行，生命得以重塑。正因如此，我们必须对那些重塑的生命负责到底。而那些生命看起来像是被榨取的一方，实际上却驱使着人类协助它们家族兴旺。

在进化史上，我们已经越来越看不懂谁才是胜利者了。

遗传基因爱着不完美的你
——代后记

很久以前，东京都知事的"老太婆发言"曾经引起巨大争论："文明带来的最有害的事物就是'老太婆'。""女人丧失生殖能力后还活在世上，就是浪费资源的罪魁祸首。"

这真是不可理喻，胡说八道！但是，这件事的背后确实存在一种"老太婆假说"，该假说尝试为女性超过生育年龄后仍然存在寻找理由：什么老太婆能在集体育儿中发挥作用啊，能成为知识和技术的记忆载体啊，帮助年轻的母亲啊，等等，简直是众说纷纭。

这样的论述方式被称为"适应性说明"。也就是说，基因独一无二的目的在于留下后代，因此我们的身形外貌、生活样式和行为动态都是为了实现这一适应性目的而形成的。持有这一论点的人总是希望把一切都归结于这样的故事：被自然选择留下的生命，皆源于其有利于后代的繁衍。

但是，现实真的如此吗？

昆虫学家们仔细观察原本应该勤劳工作的工蚁，结果发现了有趣的事实：70%的工蚁长时间发呆，另有10%的工蚁选择翘班。这并非先天因素造成的，即并非由基因决定。就算选出勤勤恳恳的工蚁单独组成蚁群，其中的一部分还是会翘班。若是只挑出翘班者组成新的蚁群，也会出现部分工蚁变得勤恳工作的情况。于是研究者们这样总结：当环境剧变或濒临危机时，不工作的工蚁作为预备役（备用军）便能立刻顶上，有利于组织的存续。

但是仔细一想，这里隐藏着复杂的问题。到底需要常备多少预备役，才能在"万一"的时候派上用场？生物的这种事先预测、准备的行为可不是仅凭适应性观点就能说明的。只要这一种群构造没有在当下发挥作用，就无法成为自然选择的对象。

生命确实编织出了巧妙的生存战略与繁殖方法，但是，如果仅从基因与目的贴合的利己性来解释万物，或是仅仅截取部分生命特性或形态来进行适应性说明，则极易形成不合情理的争论或谎言，忽视生命原有的自由度。在我看来，生命的形态中其实含有字面意义上的"游戏性"——总是在环境面前保持中立，并且怀有某种程度的开放和包容。

"多生多产吧！勤勉是美德，怠惰是恶习。"与其说这是基因的命令，不如说是当权者讲的故事，是为政者编派出的劳动与征税的逻辑。

换一种说法，我们或许都喜欢那种命运已被事先决定的故事。我们或许都想相信，操纵我们的不是运转在遥远天空中的星星，而是潜藏在我们微观内部的小人，即基因的战略。

可是，难道我们不应该抛弃决定论，更加尊重个体的自由度吗？生物的世界中存在大量多余的雄性与雌性，爱工作的蚂蚁其实也会是爱翘班的蚂蚁。然而，站在生物学的角度，它们都不是无用的。想要留下后代却没能成功，不想繁殖却生个不停，大家都在自由生活，或者尽情翘班。就算没有留下子孙，生物学上也不存在任何罪过或惩罚，基因始终都在包容着我们。

我想，基因鼓励的不是繁殖，而是自由。

产品经理: 靳佳奇
视觉统筹: 马仕睿 @typo_d
印制统筹: 赵路江
美术编辑: 杨瑞霖
版权统筹: 李晓苏
营销统筹: 奻同学

豆瓣 / 微博 / 小红书 / 公众号
搜索「轻读文库」

mail@qingduwenku.com